| 完全圖解 |

3大 管理學大師

杜拉克、波特、科特勒入門

一本搞定

一冊で丸わかり

ドラッカー・ポーター・コトラー 入門

中野明 NAKANO AKIRA ──── 著　李建銓 ──── 譯

集大成的經濟學理論
杜拉克 × 波特 × 科特勒

Peter Drucker, Michael Porter, and Philip Kotler

當你必須踏入未曾涉足的「經濟學理論」領域，應該從哪裡開始探索呢？針對這個問題，我建議從彼得‧杜拉克（Peter Drucker）、麥可‧波特（Michael Porter）和菲利普‧科特勒（Philip Kotler）開始。有鑑於此，本書將此三人的理論濃縮，以平易近人的方式呈現。

不過，眾多經濟學理論中，為什麼選擇杜拉克、波特和科特勒？（為求簡潔，以下取三人姓氏字首字母，簡稱為「DPK」）我的理由有幾點。首先，世間有些事情是常識，是必須知道的事情。而經濟學理論中，DPK 的理論已然成為常識，這一點無可非議。因此，對於不了解經濟學理論的人而言，以 DPK 作為最初的挑戰對象，再合適不過。

再者，雖然我們都以「經濟學理論」一詞，帶過所有相關知識，但其實其中包括許多領域，最具代表性又不可或缺的，莫過於「管理學理論」、「策略學理論」以及「行銷學理論」。而這

些領域的權威代表人物，正是 DPK，甚至可以說：「提到管理就想到杜拉克」「提到策略就想到波特」「提到行銷就想到科特勒」，因為他們都是各自領域的第一把交椅。因此，學會 DPK 便能一口氣弄懂經濟學理論的主要領域，也可以滿足多數人想盡早學成的需求。

此外，請各位著眼於 DPK 的組合。杜拉克提出的管理學理論，可以說是整體經濟學理論的核心。管理能夠為組織帶來成果，即使說它是所有經濟學理論的總稱，也不為過。而杜拉克曾說過，組織的目的在於創造客戶，因此它也就只有兩個功能（這一點將於後文詳述）──行銷與創新。這兩者彼此相輔相成、缺一不可，而且必須透過管理掌控，因此組織要確立應該用什麼態度創造客戶。而另一方面，策略可指引組織發展的方向。

若將組織比喻為一輛汽車，移動方式和操作方向盤的一切技巧，可以由杜拉克的管理學理論習得；透過波特的策略學理論，則能學會應該駕駛汽車前往哪個方向；而汽車的左右輪，分別是科特勒的行銷學理論，以及杜拉克的創新理論。像這樣將 DPK 組合之後，自然得以掌握所有技能，並且操控組織這台汽車。

然而，坊間唯一完整提供 DPK 知識的著作，只有這本書，我想，本書的立場定位不辯自明。接下來，請容我再簡單說明，本書的結構分為下列四大篇：

PART 1 ｜ 跟杜拉克學管理

杜拉克素有「發明管理學理論的男人」之稱，「提到管理就想到杜拉克」的想法已經深植人心。這一篇將從「何謂管理」這個問題開始談起，說明管理的整體樣貌，並且提及杜拉克的創新理論，和自我啟發理論。此外，藉由網羅針對這些主題的討論內容，致力讓讀者不僅能了解管理學理論，更能掌握杜拉克所有理論的整體概念。

PART 2 ｜ 跟波特學競爭策略

策略學理論之於所有經濟學理論，是不可或缺的一環。此理論將經濟視為競爭，而以其為基礎思考策略，即為競爭策略理論，代表性的學者非麥可‧波特莫屬。他提倡的概念中，最重要的是「策略性定位」。本書同樣以此概念為出發點，說明① 基本策略三部曲、② 五力分析、③ 價值鏈、④ 策略適性、⑤ 鑽石理論，力求幫助讀者理解波特理論的全貌。

PART 3 ｜ 跟科特勒學行銷

這一篇將由一般的行銷基礎，也就是行銷學理論一定會提及的觀念切入。並且詳細解說近年來菲利浦‧科特勒一再強調的行銷3.0，以及構成該理念的骨幹——具備社會責任意識的行銷。了解這些內容後，應該就能搞懂行銷的基礎，以及科特勒的最新理論。

PART 4 ｜ 深入了解杜拉克、波特和科特勒

最後一篇將說明，如何更加深入理解DPK。本書雖已囊括DPK提出的主要概念，但為了更進一步領會三人各自的理論，最好還是從原著著手。最後這一篇，正是領航員的角色。

本書各章節主題，皆以雙頁對開編排，一頁是本文，另一頁則是圖解。經由文本和補充說明的圖解，讀者能以最快的速度理解DPK。如果還能透過本書習得技能，並且自由自在縱橫於經濟理論這片廣闊的大陸，身為作者的我將感到無上的幸福。接下來，容我帶領各位向DPK的世界邁進。

C~O~N~T~E~N~T~S

PART 2

跟波特學競爭策略

第**6**章 ┃ **競爭策略的基本** ⋯⋯⋯⋯⋯⋯⋯ 118

第**7**章 ┃ **將五力分析運用自如** ⋯⋯⋯⋯⋯ 134

PART 4

深入了杜拉克、波特、科特勒

跟杜拉克學管理

杜拉克的管理學理論，是研究經濟學理論時，最初應該接觸的對象。本篇解說杜拉克提倡的管理學理論、創新理論，以及自我啟發理論等，並將不可缺少的概念分為五章介紹。

Peter

Drucker

001

管理，是要為組織創造成果
Role of Management

日常會話中常可聽到「管理」這兩個字，例如「你的管理能力讓人激賞」「妥善管理團隊吧」「我們公司的高階管理階層到底在想什麼啊」等。那麼，何謂管理呢？

眾所周知，彼得·杜拉克撰寫了大量管理學相關書籍。在為數眾多的著作中，他為管理所下的明確定義，應該就是下列這句話：「**管理是建立組織後，創造成果的工具、功能與機關。**」

不過，杜拉克對管理的基本定義中，工具、功能與機關這幾個詞彙，有點不明所以。因此，我想用更簡單的說法來表達：「**『能為組織創造成果的一切事物』，就是管理。**」[1] 短短13個字，就能表達管理最簡單的定義。

而此定義中的「事物」，也可以替換為杜拉克提出的「工具」「功能」與「機關」。所以不妨將「功能」想成創造組織成果的「動作」，而「機關」就是創造組織成果的「主體」。

以一家公司來看，「主體」就是經營團隊。若將經營團隊做為工具，並且善加利用，的確能夠創造成果，因此也能定義為「創造成果的工具」。總而言之，管理即為「能為組織創造成果的一切事物」，這一點希望各位先牢記在心。

管理是建立組織後，

創造成果的

工具、功能與機關。

by 彼得‧杜拉克

管理最簡單
的定義

▼

能為組織創造成果的一切事物

 請牢記管理的定義即為以上 13 個字，如此一來即使被問
到「何謂管理」也能順利回答。

為組織創造成果，有四個課題要解決

Tasks of Management

我們已經知道管理是能為組織創造成果的一切事物，那麼具體的作為是什麼？杜拉克對此提出下列三項課題：

① 思考組織的使命。

② 思考事業的生產性與工作者的成就感。

③ 思考社會責任。[2]

第一項課題必須深入探討組織存在的原因，第 003 節將有更詳細的解說。第二項課題的重點在於，提高組織的事業生產性，以及人們的工作欲望。探討事業生產性之際，不能僅著眼於目前的事業，還必須思考未來能夠發展何種新事業。此外，為賦予工作者成就感，必須思考組織的理想狀態，並且想方設法以達成最佳的成果。

最後是第三項課題，組織身為社會的一部分，必須思考能為其肩負哪些責任。不過，除了上述三項之外，為因應現代社會的環境變化，我想再加上一項課題，它和上述幾項同等重要：④ 思考因應現代社會的管理。

想為組織創造成果，非得解決這些課題。請見圖解 1-2，希望各位能夠透過這個圖解，快速理解杜拉克管理學理論的整體概念。此外，本書後續也將多次引用這張概完整的樹狀圖。

圖解 1-2　管理課題樹狀圖

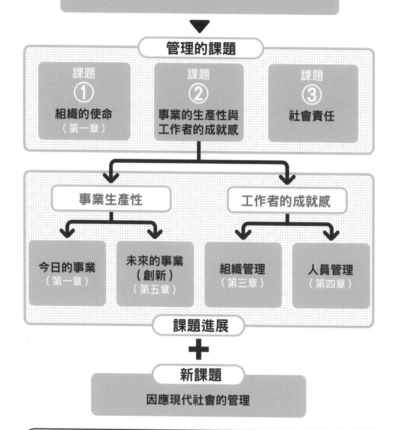

基本定義

能為組織創造成果的一切事物即為管理

▼

管理的課題

課題 ①	課題 ②	課題 ③
組織的使命（第一章）	事業的生產性與工作者的成就感	社會責任

事業生產性

- 今日的事業（第一章）
- 未來的事業（創新）（第五章）

工作者的成就感

- 組織管理（第三章）
- 人員管理（第四章）

課題進展

＋

新課題

因應現代社會的管理

☞ 後文中本書將依循此管理課題樹狀圖一一解說，各項課題標示之第一至五章內容以杜拉克為主，因此這張樹狀圖亦可說是本篇的索引圖。

003

創造成果第一步：了解組織的使命
What is Our Mission?

接下來，我們將以前文提及的「① 思考組織的使命」為起點，討論管理的課題。雖然會有點繞遠路，首先必須考慮的是組織的意義。世界上有許多不同種類的組織，其中最大的當屬政府，此外也有像是醫院或學校等，以大眾福祉為目的的組織，而數量最多的則非企業莫屬。

從根本來說，組織是為了來自社會、群體和個人的需求而存在。政府是為保障人民安心、安全生活而存在；醫院是為了治療疾病和傷痛而建立；學校則是源於受教權的考量而設立。此外，世界上還有各種多元的需求，企業正是為了解決這些需求，才會應運而起。

由此可知，組織存在的目的並非自我滿足，而是為實現特定社會目的，滿足社會、地區與個人的特定需求[3]。也就是說，所有組織都是社會機構。因此，如果想為組織創造成果，必須實現特定社會目的，並且滿足某種需求。

換句話說，如果無法認清組織本應肩負的特定社會目的，自然不可能創造完滿的成果。由此可證，組織的使命在於其肩負的特定社會目的。了解以上關鍵，是創造成果不可或缺的前提，否則過程將窒礙難行，甚至沒有結果。

圖解 1-3　組織因使命而存在

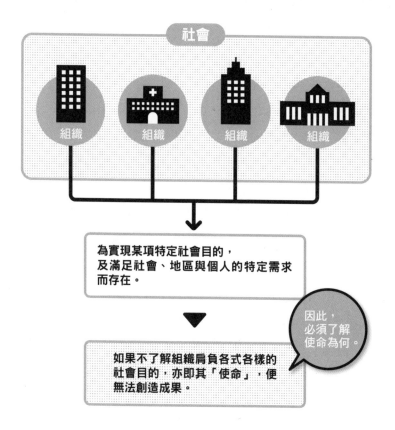

社會

組織　組織　組織　組織

為實現某項特定社會目的，
及滿足社會、地區與個人的特定需求
而存在。

因此，
必須了解
使命為何。

如果不了解組織肩負各式各樣的
社會目的，亦即其「使命」，便
無法創造成果。

 首先，必須先了解組織的使命，這也是杜拉克管理學理
論的基礎。

004

應對各種多元需求，是企業存在的理由

Business Mission

為了讓組織創造成果，首先不可或缺的前提是確實掌握使命。這也是社會中占據壓倒性多數的企業，必須遵循的要點。企業屬於社會機構，因此身為社會的一員，必須有所貢獻。

政府與自治團體，以及醫院與學校等組織，被稱為公家機關或公共組織。然而，光靠它們無法完全滿足社會、地區和個人的各式各樣需求。因此，社會不可或缺的是，能夠靈活應對各種多元需求的組織，否則便將無法順利運作，而且也唯有企業，才可以勝任這樣的角色。

然而，相較學校與醫院等組織，企業的使命常落得曖昧不明，畢竟人們經常誤解企業是以追求利益為目的。不過，所謂的利益，其實是滿足社會、地區和個人的需求後，才能換得的報酬。因此，企業必須表明，怎麼做才能夠應對社會目的，以及滿足社會、地區與個人的需求。這也正顯示出，該企業將以何種理由立足於社會，簡單來說，可以說就是企業存在的理由。

但是，為達成使命不顧一切，並不是最好的做法，所以，企業除了使命，還得注意企業價值觀，也就是行動基準，它代表企業將如何執行並達成使命。最後，整合使命與價值觀，就形成了企業理念，但遺憾的是，目前這些詞的定義仍然不明確。

圖解 1-4　企業因使命而存在

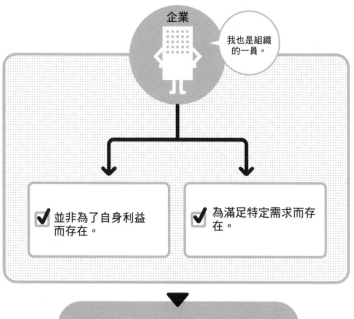

企業

我也是組織的一員。

✔ 並非為了自身利益而存在。

✔ 為滿足特定需求而存在。

不知道企業使命，便無法創造成果！

 企業屬於社會公器，稱呼其為「民間企業」並不適當，企業應該就只是企業。

005

企業的共同目的在於創造顧客
To Create a Customer

　　管理能夠為企業（組織）創造成果，那麼企業的成果是？前文曾提過，單一組織不可能滿足社會上所有需求，更別提單一企業。因此，清楚描繪出社會目的並且順利達成，就是企業的成果。當然，結果會因企業而有所不同。不過，即使社會目的完全不同，但所有成果都有共同的目標：創造顧客。杜拉克曾說：「事業唯一的目的，就是創造顧客。」這句名言出自他的著作《彼得‧杜拉克的管理聖經》(*The Practice of Management*，遠流出版)，是世界上第一本整合管理概念的名著。

　　企業是組織的型態之一，也明顯屬於社會機關。它的存在目的就是滿足社會、群體及顧客的需求。因此，企業要永續經營，就必須持續滿足社會、群體與顧客的需求。其實，「持續滿足需求」指的就是杜拉克提出的「創造顧客」。今天到店裡來的熟客，已經不是昨天那位顧客，因為一旦他覺得這家店已經無法滿足自己的需求，大可選擇不再光顧，轉而投向別家店的懷抱。

　　根據這樣的思考邏輯，就算面對經常上門的常客，只要努力讓他們願意再次光顧，就等同於持續創造客戶。用這個面對新客戶更是重要。所以，企業就是藉由完成各自的社會目的才能創造顧客，最後因此而獲得了成果。

圖解 1-5　創造顧客

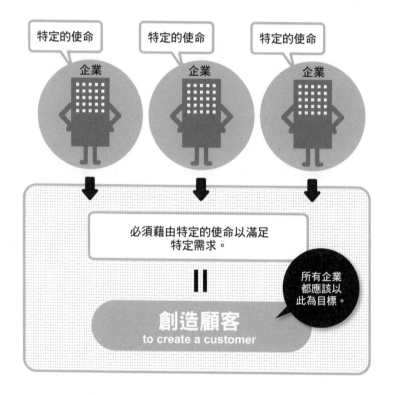

「創造顧客」是杜拉克眾多名言中相當著名的一句，所有企業都必須藉由特定的使命，以持續不斷創造顧客。

創造顧客的「唯二」關鍵：行銷與創新
Two Entrepreneurial Functions

　　接下來，讓我們一起思考，企業如何創造顧客。杜拉克曾直言，企業為了創造顧客只須具備兩項能力，一是行銷，二是創新。[4] 而根據菲利浦‧科特勒所言，行銷最基本的定義即為「藉由滿足需求以獲得利益」（詳見第 105 節），因此，創造顧客戶最基本的行動，就是滿足他們的需求。

　　然而，光憑行銷僅能服務到「想要這個也需要那個」的顧客。因此，創造出至今還沒有人發覺的價值，是增加客戶不可或缺的一環，而且也唯有創新，才能達到如此成果。一般人認為，創新是透過開發新技術創造新價值，所以它的意義僅局限於「技術革新」。

　　但是，創新不只是要著重思考技術的進步。舉例來說，「把冰箱賣給北極的居民」這個想法乍看似乎相當不合理，不過，如果把它做為「防止食品凍結的設備」來販售，反而能成功打入市場。即使冰箱本身沒有經過技術革新，卻創造出全新的形式得以滿足客戶，因此也可說是一種創新。

　　行銷與創新的功能，恰如汽車的左右輪。如果缺少行銷，無法為企業的短期事業帶來成果；若少了創新，則企業的長期成果將無以為繼。而握有汽車方向盤，得以操縱左右輪的，即為管理。

圖解 1-6　行銷與創新

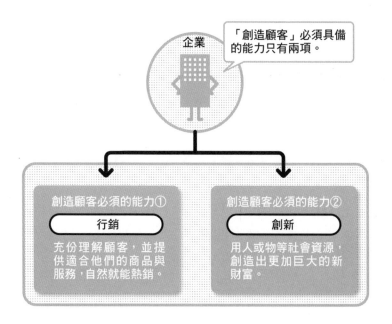

企業

「創造顧客」必須具備
的能力只有兩項。

創造顧客必須的能力①

行銷

充份理解顧客，並提
供適合他們的商品與
服務，自然就能熱銷。

創造顧客必須的能力②

創新

用人或物等社會資源，
創造出更加巨大的新
財富。

關於「創造顧客」，簡單來說，考量短期視野屬於行銷
的範疇，而若是考慮到中、長期視野，便是創新。但不
用多說，兩者缺一不可。

利益的本質與四項功能

Profit and Profitability

　　企業的目的很容易被誤認是為了追求利益，但是根據杜拉克的管理學理論，企業的目的在於創造顧客。若無法滿足社會、地區和個人的需求，自然不會獲得利益。也就是說，如果想獲得利益，就必須先滿足需求，而且這個順序絕對不可以倒置。

　　話雖如此，利益所具備的價值並不會因此而有所減損，而且杜拉克對此有一套獨特的想法。我們還能夠從中了解到，雖然利益並非企業的唯一目的，卻仍舊相當重要。杜拉克認為利益具有下列四項功能。

　　① 利益是企業的成果，也是創造客戶這項活動執行成效的判斷基準。② 企業為持續滿足顧客需求，勢必得避開不確定的風險。此時，利益便可發揮保險的功能。

　　③ 利益是構成勞動環境的資本。企業得以存續，代表員工的職場安全無虞。事實上，創造職場也是企業的重大社會貢獻之一，而且若能持續獲利，便會有能力改善勞動環境。**④ 利益是充實社會服務與社會資本的泉源。**典型的例子是企業對藝文活動的贊助。

　　根據以上四點考量，利益可以說是讓企業永續經營，並且藉此持續貢獻社會的「對未來的投資」。

圖解 1-7　利益的意義

企業並非為了追求利益而存在，利益是達成使命後獲得的結果。因此，應該將利益視為對未來的投資。

008

使命必須由企業與員工合力達成

Enterprise and its Workers

　　企業背負使命，且為了特定的社會目的而存在。但是，企業的使命並非只要經營者了解即可，而是所有員工都必須熟知。當他們認可企業想要完成的社會目的，才會真正歸屬其中。接著以其中一員的身份，致力完成共同使命，這就是所謂的工作。

　　因此，員工必須熟知自己隸屬企業的使命，甚至將其視為自己的使命。關於這一點，以信奉杜拉克聞名的 UNIQLO 創辦人柳井正提出以下論點：「我接下來的論點可能有點飛躍，我覺得在某種意義上，企業活動和宗教活動或社會運動很相似。因為它們都可以說是贊同某項使命的人們，自然聚集在一起形成的社群（組織）。」[5]

　　從柳井正的觀點可以發現，我們一直以來認為的常識，其實根本搞錯了。舉例來說，「企業是為了員工而存在」就是誤解。因為企業不是為了員工存在，而是為了持續滿足顧客需求而存在。還有，「企業是為了股東而存在」同樣也是誤解，還完全忽略了顧客，世界上絕對沒有顧客會認為「購買商品是為了讓公司員工和股東生活更優渥」。

　　那麼，企業到底是為誰存在？當然是為了顧客而存在。因此，在企業內工作的人，都是致力於創造顧客，並藉此貢獻社會。這一點，希望各位謹記在心。

圖解 1-8　肩負共同的使命感

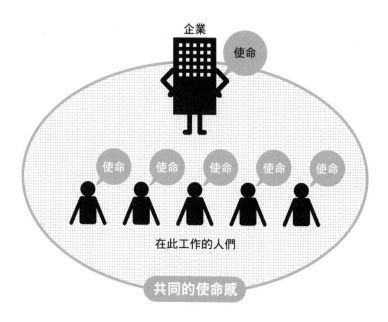

如果不知道企業的使命，絕對不可能為其貢獻成果。在其中工作的人們，必須把企業使命當作自己的使命。

009

廢除不合時代的體制，破舊立新

Practice or Abandonment

在現代，即使新事物也很快就會變得陳腐，這是適用於任何領域的圭臬。當然，組織也不例外。因此，組織必須有意識促進能免遭時代淘汰的活動，這也屬於管理的課題。針對這一點，杜拉克提出的具體做法是廢除體制。

實際執行方法非常簡單，首先，假設目前實行的所有活動都停止執行，接著想像在目前的情勢下，是否仍會實施這些活動？如果答案為否，就應該馬上廢止，並且思考新的配套措施。想割除組織的贅肉、促進新陳代謝，這是唯一的方法。

話說回來，組織內部所有活動，應該都是為了某種原因才開始推行。然而，隨著時間推移，當初的必要事項，也可能再無用武之地。即使如此，還是有層出不窮的案例過度重視傳統與前例，或是出於惰性持續執行毫無建樹的活動。如此一來，組織整體的能力只會降低不會提升。

管理就是要為組織帶來更大的成果，因此必須徹底廢除無實質效益的活動。不過，隨著時代變化，組織的使命也可能變得不合時宜。雖然醫療、教育和福利等需求可能永遠存在，其他需求卻可能隨著時間變得沒那麼重要或者完全消失。此時，因應這些需求而生的組織，便會失去存在的理由。因此，組織必須為了新的使命展開活動，否則就應該盡早退出市場。

圖解 1-9　為了永久保持創新

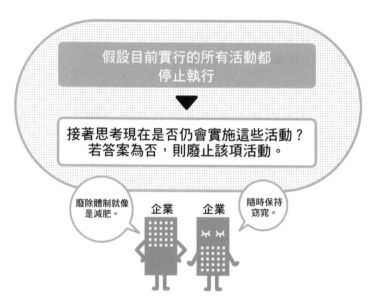

假設目前實行的所有活動都
停止執行

接著思考現在是否仍會實施這些活動？
若答案為否，則廢止該項活動。

廢除體制就像
是減肥。

企業

企業

隨時保持
窈窕。

 想讓組織隨時保持創新，廢除體制是不可或缺的行動。
這項觀念亦能套用在身邊的事物上，是相當方便實用的
方法。

010

定義事業的三項要素
What Is Our Business??

　　組織創造成果的第一步，是了解使命為何，接著要知道達成的方法。也就是說，得找到下列問題的答案：「公司為了達成使命，應該經營什麼事業？」思考時，必須同時考量到「現在的事業」和「明日的事業」，不過剛開始最好先專注於前者。

　　所謂「現在的事業」，其實就是「貴公司的業務內容是什麼？」的答案。針對這個問題，一般通常會回答「印刷業」或「電機製造商」。但是，杜拉克並不滿意，於是提出「定義公司事業的架構」，藉此構築高績效思考，激發新的想法。

　　如此一來，不僅能夠搞清楚現在的事業，還能因應時代變化，重新定義事業。這個架構由三項要素構成[1]：① **以企業所處大環境為前提**，也就是思考世界上所有趨勢，如社會與社會結構、市場和客戶等。② **以企業使命為前提**，思考如何整合世界上的趨勢變化。③ **以足以達成使命的優勢為前提**，探討組織的優勢，找出其他公司無法模仿，自家公司獨有的核心能力，也就是所謂的核心競爭力（Core Competence）。[2]

　　能滿足前述三項要素的，就是企業的事業，也是「貴公司的業務內容是什麼？」這個問題的答案。然而，杜拉克的說法似乎有點抽象，讓人覺得美中不足。因此，接下來在第 011 節，我將以更簡化的形式，為各位說明這個架構。

圖解 2-1　定義事業的三項要素及四個條件

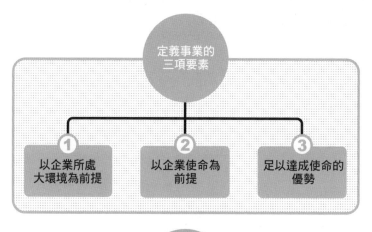

定義事業的
三項要素

① 以企業所處
大環境為前提

② 以企業使命為
前提

③ 足以達成使命的
優勢

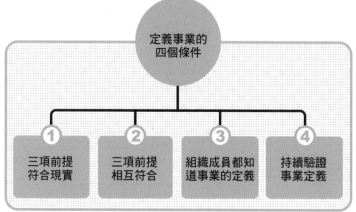

定義事業的
四個條件

① 三項前提
符合現實

② 三項前提
相互符合

③ 組織成員都知
道事業的定義

④ 持續驗證
事業定義

 首先，思考定義事業的三項要素。接著探討，能否滿足
前述定義事業的四個條件。[3]

011

柯林斯的刺蝟原則
The Hedgehog Concept

　　暢銷書《基業長青》中明確提及，公司為確保永續經營，必須有強固的企業理念，這點與杜拉克的主張不謀而合。這也難怪，作者吉姆・柯林斯正是信奉杜拉克的經營學者。他在另一本著作《從 A 到 A+》介紹了「刺蝟原則」，是他匯集優秀的事業策略，找到共通特徵後，歸納出的三項原則：① **能對什麼投注熱情？② 能讓自己站上世界頂端的是什麼？③ 能提供經濟動力的是什麼？**繪製為圖解 2-2 後，可以看見所謂的「三個圓」。柯林斯認為，從這三個圓的交集，可以找出簡單又有效的策略。他把這個機制稱為「刺蝟原則」。其實，這三個圓與第 010 節提到的「定義事業的三項要素」之間，有著緊密的對應關係。

　　首先，柯林斯提出的第一項原則，等同於杜拉克提出的「企業使命」。如果無法投注熱情，的確不可能達成企業使命。第二項指的是組織的強項，也完全符合杜拉克說的「足以達成使命的優勢」。第三項是探討對經濟有貢獻的機會，等同於杜拉克提到的，分析企業所處的大環境，從中掌握機會的概念。因此，「三個圓」的交集就是「刺蝟原則」，也是企業事業的定義。此外，它不僅適用於企業的事業，也能在個人選擇職業時派上用場。完全符合刺蝟原則的工作，就是最適合自己的職業。

圖解 2-2　三個圓與刺蝟原則

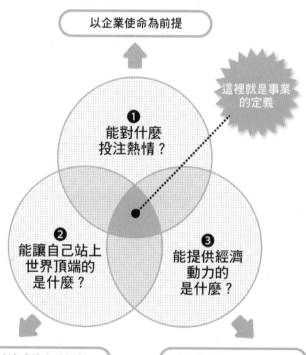

以企業使命為前提

❶
能對什麼
投注熱情？

這裡就是事業
的定義

❷
能讓自己站上
世界頂端的
是什麼？

❸
能提供經濟
動力的
是什麼？

足以達成使命的優勢

以企業所處大環境為前提

出處：吉姆‧柯林斯《從 A 到 A+》。

 利用柯林斯提出的「三個圓」和「刺蝟原則」，能夠較
輕易擬定事業的定義，這些概念可以說是承襲自杜拉克。

012

找出顧客是誰
Who Is Our Customer?

定義事業的三項要素中，探討經濟動力時，至關重要的是，能否回答出「我們的顧客是誰？」這個問題。本書一再反覆提及，滿足社會需求是企業的使命，而提出需求的人正是顧客。因此，企業必須不斷創造客戶。

然而，企業如果想創造優異的成果，一定要搞清楚，對組織存續最重要的條件，也就是客戶到底是誰。無論有多好的事業，一旦弄錯目標顧客，成功的機率可說微乎其微。舉例來說，面對女性顧客，卻端出只能滿足大叔需求的商品，當然會無功而返。

此外，「我們的顧客是誰？」其實可以換成下列說法：「你所屬的組織，必須滿足誰的需求，才能創造成果？」[4]杜拉克認為，只要能回答前述問題，就等於得到「我們的顧客是誰？」的答案了。

但是，只知道顧客是誰還不夠，企業必須搞清楚他們在哪裡，實際買了什麼，從中找到的價值又是什麼。簡單來說，只要找出下列四個問題的答案，就能更了解自己的事業了：

① 顧客是誰？

② 顧客在哪裡？

③ 顧客實際購買了什麼？

④ 對顧客而言，價值是什麼？

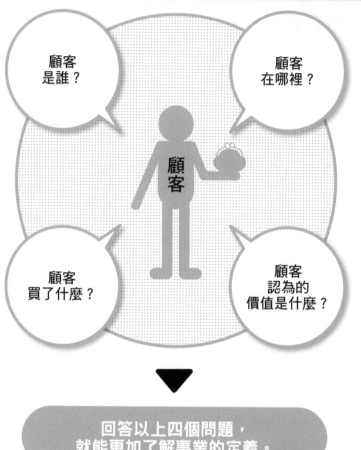

圖解 2-3　了解顧客

顧客
是誰？

顧客
在哪裡？

顧客

顧客
買了什麼？

顧客
認為的
價值是什麼？

回答以上四個問題，
就能更加了解事業的定義。

 當然，愈了解事業的定義，愈有可能提高生產力。

留意不是顧客的顧客

Noncustomers

有一種策略叫做「蘭徹斯特法則」（Lanchester's Laws），[5] 其中一項理論「目標市占率」，是把目標市占率的標準，化為數學理論。經過計算後可得知，企業如果想稱霸特定市場，市占率至少必須達到 26.1%。但是，想獲得這麼高的市占率並不容易，而且即使達成了，對企業而言，其他 73.9% 的人都會是「非顧客」。

不過，打從一開始，「我們的顧客是誰？」的答案，就囊括了非顧客，思考重點在於，找出誰是最應該重視的顧客。因此必須注意，不能只考慮現有顧客。換句話說，關鍵是必須留意原本可能成為顧客的人，他們是思考「我們的客戶是誰？」這個問題時，極為重要的目標。

近年來，由經營學者金偉燦（W. Chan Kim）和芮妮・莫伯尼（Renée Mauborgne）提出，名為「藍海策略」（Blue Ocean Strategy）[6] 的經營策略，相當受到注目。藍海指的是目前尚未成形的市場，也就是所有未知的市場空間。

創造藍海而後支配，就稱為藍海策略，它也把非顧客的存在看得最重要，並將他們分成下列三類：① **消極的買方**、② **決定不使用該企業產品的顧客**、③ **與市場保持距離的顧客**。只要善用這種分類觀點，就能在分析潛在客戶時，發揮極大的效果。

圖解 2-4　非顧客的三種類型

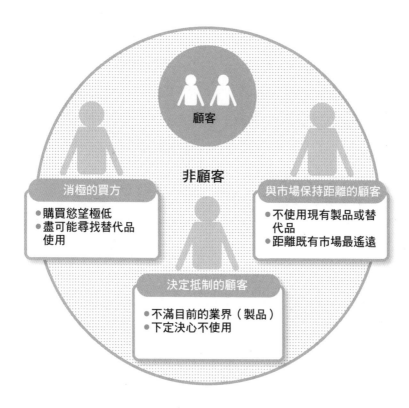

顧客

非顧客

消極的買方
- 購買慾望極低
- 盡可能尋找替代品使用

與市場保持距離的顧客
- 不使用現有製品或替代品
- 距離既有市場最遙遠

決定抵制的顧客
- 不滿目前的業界（製品）
- 下定決心不使用

 這三種非顧客類型出自藍海策略，認真思考誰是顧客，然後將非顧客轉變為顧客，是很重要的工作。

利用落差分析訂定目標與策略

What Should Our Business Be?

鳌清公司事業的本質後，必須掌握目前的事業現況，提前了解今後的變化趨勢。此外，探究事業應有的面貌，也是不可或缺的工作。簡單來說，可以利用接下來提到的三個面向，[7]思考事業的進展：

① 目前的事業現況。

② 將來的事業走勢。

③ 事業應有的面貌。

在這之後，就可以執行「落差分析」。具體做法的第一步是探究「目前的事業現況」，一五一十呈現出來。接著，如同字面上的意思，「將來的事業走勢」就是考量事業將來的發展。最後，針對「事業應有的面貌」，則要探討事業的理想藍圖。

這三個面向中，只有第一項與現實狀況有關，其他兩項都是目前尚未實現的事業型態。也就是將來事業的走向，或是應該呈現的樣貌。在此為了簡化，將合併第二與三項，統稱為「將來某個時間點，事業呈現的理想面貌」。

當然，將來的理想面貌與現況之間，肯定有很大的落差。因此，辨明兩者差別的方法，就稱為落差分析。透過這個分析，就能明白為了消弭落差「應該做什麼」，也可以藉此規劃事業目標，制定發展策略。

圖解 2-5　落差分析

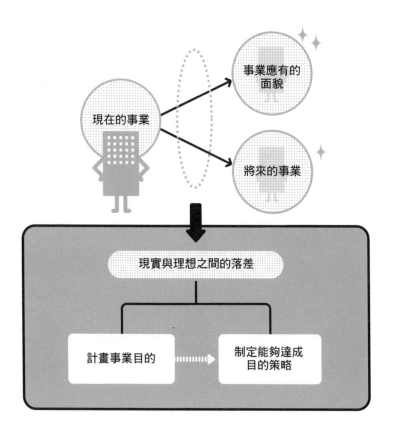

除了專注於「現在的事業」，也要思考「將來的事業」和「事業應有的面貌」。而後由現狀與理想的落差，制定事業目標，與達成它的策略。

檢討八個領域後，設定目標
Business Enterprise

利用落差分析，辨明理想與現實的差異後，下一步是思考「應該做什麼」才能消弭落差，同時以此為前提設定目標。杜拉克提出的具體做法是，檢討下列八個領域，思考該做什麼後，定下目標：① 行銷、② 創新、③ 人事組織、④ 財務資源、⑤ 物質資源、⑥ 生產性、⑦ 社會責任、⑧ 必要的利益條件。

舉例來說，想填補落差，該執行哪種行銷策略？或是需要哪方面的創新？像這樣將焦點集中，思考為了填補落差，應該採取哪些行動。杜拉克還補充：「別在意做不到的事，只要聚焦在做得到的事。」[8]

他的言下之意是，別想著組織的弱點（做不到的事），要專注於組織的優勢（做得到的事情）。企業能夠獲得碩大的成果，絕對不是靠著善用弱點，而是極力活用優勢。一般人都很容易忘記這麼簡單的原則，因此必須格外留意。

此外，請各位也要時時思考，能帶來最高經濟效益的機會。如此一來，可以發揮組織的優勢，自然就能藉此增加所獲得的成果。

圖解 2-6 設定事業目標

確立事業

▼

找出要聚焦的重點（基本策略目標）

▼

事業目標的八個領域

1 行銷
思考現有製品、現有製品的存續，以及新市場等，藉此確立市場定位目標。

2 創新
思考製品或管理的創新，就能具體了解「公司事業應有的面貌」。

3 人事組織
基礎資源之一，根據人力資源的任用與培育設定目標。

4 財務資源
基礎資源之一，根據財務資源的調度與運用設定目標。

5 物質資源
基礎資源之一，根據物資的調度與運用設定目標。

6 生產性
針對人事資源、資本與物質資源，確立各自的生產目標。

7 社會責任
思考由勞動者、供應商，以及企業活動衍生的各種社會責任。

8 必要的利益條件
根據企業活動結果獲取的利益為必要條件設定目標。

▼

聚焦在能辦到的事並且定下目標

☞ 設定目標時，不用想「做不到的事情」，要專注於「做得到的事情」。

016

結合目標與方法，就是策略

Strategy

確立八個領域的目標後，必須思考為了達成目標，應該採取什麼行動。照理來說，至今為止設立的事業定義與目標，是為了實際運用於商業活動，而非紙上談兵。但是，即使目標很明確，不能轉為具體行動也是枉然。下列是執行時的三大關鍵步驟：

① 確立達成目標所需的工作。

② 分配工作給適合的人員。

③ 當下明確制定責任歸屬。

最初應該思考的重點是，為達成目標，應該執行哪些工作。這也代表，必須釐清哪些工作不要做。也就是說，選擇該做的事情同時，也要選擇不該做的事情。這種伴隨風險的決策，就是前述的第一個步驟。

接下來的步驟二，是組織前述工作必要的活動，分配實際的工作給團隊或個人。此時勢必要分配物資與資金，因此，第二個步驟也可以說是在分配經營資源。

在分配工作之際，設定明確的達成目標，也是不可或缺的一環。而且，重點在於，必須讓對方肩負達成目標的責任，這就是第三個步驟。前述三步驟，可以說結合了目標與達成目標的方法，也就是所謂的「策略」。

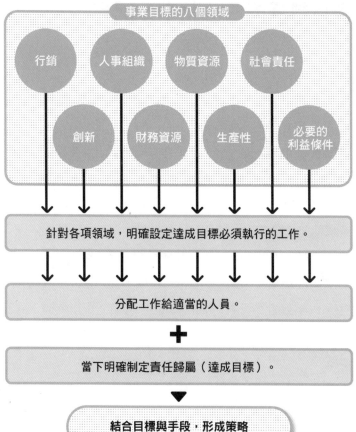

圖解 2-7　結合目標與手段，形成策略

目標必須轉為具體工作才能發揮作用。此時，必須確立各項工作須達成的目標。

017

善用強制選擇法，集中分配資源

Activities for Success

　　針對目標設好策略後，就是設定實行計畫。此時，重點在於人力配置，其中不乏基本的原則：執行「強制選擇法」[9]，盡可能把最大的機會分配給第一級人才。實行的第一步，必須把透過策略確立的實行事項，全部列成清單後，依照重要程度排序。重要程度高的事項，是達成最重要目標的關鍵。接下來依樣畫葫蘆，將組織中的團隊和人員列出，依能力排序。

　　彙整前述資訊後就好辦了，只要從能力相對優秀的團隊或人員開始，分配重要程度高的實行事項即可。這就是利用強制選擇法，進行人力配置的方法。分配完工作後，應該致力達成最初定下的目標，最後臨門一腳就是付諸實行。此時，可以依據下列三項準則，將製品和市場、通路，以及業務活動等分類，決定要聚焦的領域。

　　① 應該優先推動的領域。

　　② 最應該放棄的領域。

　　③ 推動或刻意放棄都無效果的領域。

　　分類結束後，應該先放棄第二項準則的領域，並避免把資源分配給第三項準則的領域。如此一來，資源自然就會集中到第一項準則的領域。總結來說，執行前述三項準則，是選擇與集中資源的不二法門。掌握得當，勢必能夠大幅增加成果。

圖解 2-8　強制選擇法

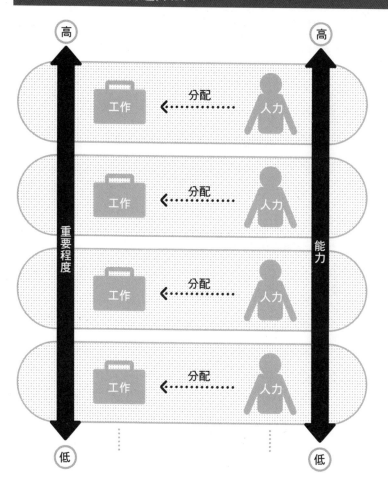

先選擇優先領域分配工作，集中投注資源。也就是說，必須重視所謂的「選擇與集中」。

018

執行回饋分析，設定新目標

Feedback Mechanism

　　從設立目標、訂定計畫，進而實際執行，過程中務必定期確認成果，否則很容易「做完就算了」。定期確認成果，就能比較設定目標時的預期成果，和實際成果之間的差距。還能確立課題，用於設立新的目標。這就叫做「回饋分析」（Feedback Analysis）。[10]

　　第 014 節曾說明過落差分析，這裡提及的回饋分析，可以視為落差分析的一種。因為，比較預期成果和實際結果，就能明確分辨兩者差距。如此一來，可以從中看到新的目標，這一點在第 014 節也已經說過。同理可證，回饋分析可以說是改善不良狀況的手法。狀況愈差，愈顯回饋分析的重要。

　　然而，回饋分析經常被忽視。可能是因為認清現實總是伴隨著痛苦。如果成果進展順利，照計畫朝著目標前進，回饋分析就相對輕鬆。但要是進展不如預期，分析結果想必不太好看。但是，情況愈嚴峻就愈需要回饋分析，以確實掌握落差。每個組織都應該建立機制，至少半年一次，強制執行回饋分析。

　　此外，高績效的回饋分析，要具備具體的成果目標，也就是所謂的 KPI（Key Performance Indicators，關鍵績效指標）。其中設定的數值等條件愈明確，愈能確實比較預期成果與實際結果的差異。因此，兼備 KPI 和回饋分析，才能真正發揮作用。

圖解 2-9　用回饋分析持續改善成果

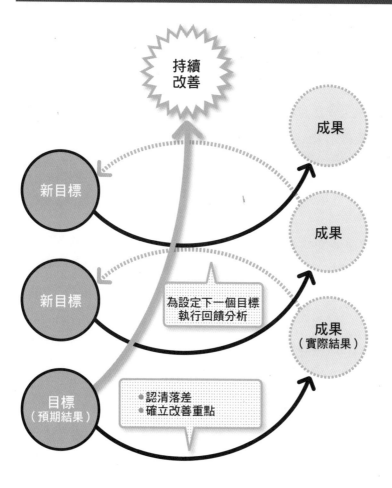

持續改善

成果

成果

新目標

新目標

為設定下一個目標
執行回饋分析

成果
（實際結果）

目標
（預期結果）

● 認清落差
● 確立改善重點

☞ 不斷執行回饋分析，問題將一一浮現，如此就能持續改善成果。這是管理學中不可或缺的方法之一。

企管基本架構：PDCA 循環
PDCA Cycle

本章已說明如何思考企業的事業、設定事業目標、建立策略和計畫，以及實際執行。還介紹如何利用回饋分析，比較預期成果和實際結果。接著，就能踏入再次設定新目標的階段。之後，就是建立策略和計畫、執行、進行回饋分析，重覆相同的行動循環。這樣的循環稱為「PDCA 循環」，可以說是現今企業管理的基本架構。[11]

PDCA 循環並不是杜拉克提出的理論，最初的提倡者是美國物理學家、統計學家威廉·愛德華茲·戴明（William Edwards Deming）。當初是用於說明品管流程：重覆「**Plan**（計畫）→ **Do**（執行）→ **Check**（查核）→ **Act**（行動）」的行動循環，就能達到持續改善品質的目標。

現在，講到 PDCA 循環，幾乎等同於持續改善。從出處即可看出，PDCA 循環最初是用於工業生產的品管。然而不久後，我猜想有人開始思考，是否能把它用於經營管理。

實際上，杜拉克提倡的設定目標到回饋分析，這一連串的行動，可以用 PDCA 循環完美詮釋。因此，現在所有的管理架構，幾乎都包含 PDCA 循環。持續改善企業，創造優異成果，是管理的職責所在，希望各位能將這一點放在心上。

圖解 2-10　PDCA 循環

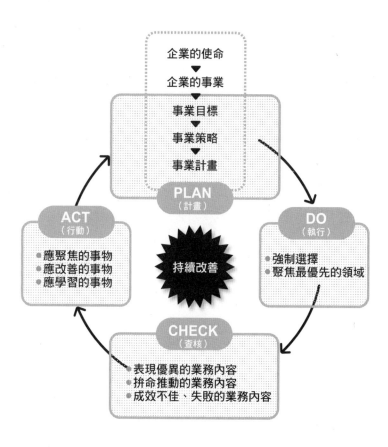

PLAN（計畫）
- 企業的使命
- ▼
- 企業的事業
- 事業目標
- ▼
- 事業策略
- ▼
- 事業計畫

DO（執行）
- 強制選擇
- 聚焦最優先的領域

ACT（行動）
- 應聚焦的事物
- 應改善的事物
- 應學習的事物

持續改善

CHECK（查核）
- 表現優異的業務內容
- 拚命推動的業務內容
- 成效不佳、失敗的業務內容

☞ PDCA 循環並非由杜拉克提倡，卻是現今管理系統不可或缺的基本架構。

知識社會到來
Knowledge Society

將「管理」廣為流傳的人，正是杜拉克，「知識社會」也是經由他的提倡才廣為人知，意思是整體社會由知識取代資本與勞動力，成為最重要的生產工具。也有人說，知識社會將在資本主義社會之後，成為新的社會型態「後資本主義社會」。[1]

知識社會的雛形早已出現，最具象徵性的就是 Google。它在 2004 年公開上市時，設定兩種股票類型：每股擁有 10 票表決權；每股只有 1 票表決權。當時的股東持有的股票屬於前者，公開上市的股票則是後者。這種募股型態稱為「AB 股制度」，可確保經營團隊握有多數表決權，免遭一般投資人施壓，以建立長期經營的視野。Google 為了強化經營理念而採取這個制度（現發展為控股公司 Alphabet），代表決定公司重要事項的人，並不是提供資本的人，而是具備知識、能提供有價值的服務的經營者和員工，這等同於宣誓公司重視知識甚於資本。

知識原本就屬於勞動者，也就是說，過去資本家擁有的生產工具，現在直接掌握在勞動者手中，他們還可以輕易將知識帶走。杜拉克將擁有高度知識的勞動者稱為「知識型勞動者」。知識社會中，勞動者擁有最重要的生產工具，還能夠自由移動。現代管理學首要關心的是，如何整合這群勞動者，以創造最大的成效。

圖解 3-1　何為知識社會

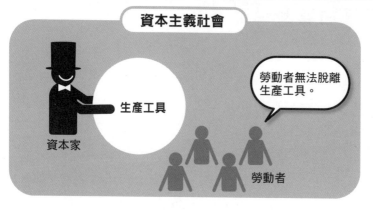

資本主義社會

資本家

生產工具

勞動者無法脱離生產工具。

勞動者

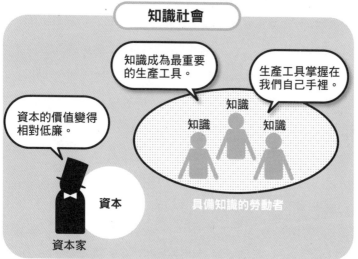

知識社會

知識成為最重要的生產工具。

生產工具掌握在我們自己手裡。

資本的價值變得相對低廉。

知識

知識

知識

資本家

資本

具備知識的勞動者

 杜拉克在二戰後不久，就預言知識社會即將到來。現今知識已取代資本和勞動力，成為最重要的生產工具。

021

誰是知識型勞動者？

Knowledge Executive

知識社會中，占有極重要地位的知識型勞動者，到底是指什麼樣的人呢？杜拉克下的定義是：工作不需仰賴熟練的技術或體力勞動，而是憑藉生產相關創意、知識與資訊。[2]

換句話說，這群人知道，為了將高度專業知識活用於生產，應該如何分配資源。像這樣的「知識型決策者」，以及「負責利用知識，為組織帶來成果的人」[3]，就稱為知識型勞動者。

各形態的知識型勞動者中，杜拉克特別注意「知識型技術人員」（Knowledge Technologist）。他們具備專業知識，長時間從事體力勞動工作。此外，還有一種勞動者，和知識型勞動者難以區分，稱為「服務型勞動者」。他們具備的專業知識程度較低，主要從事行政與固定性質的工作。

在先進國家，比起肉體勞動者，前述知識型勞動者、知識型技術人員，以及服務型勞動者，占了壓倒性的多數。但問題是，這些勞動者的生產力，仍舊偏低。

管理的目的，本來就是為了組織創造成果，在單一組織中，產出愈大，代表管理愈優異。知識型和服務型勞動者，數量一直都在增加，如何提升他們的生產力，正是 21 世紀管理學的一大課題。此外，下一章會提到「如何提升生產力」這項課題，也是所有知識與服務型勞動者，都必須面對的。

圖解 3-2　知識型勞動者與服務型勞動者

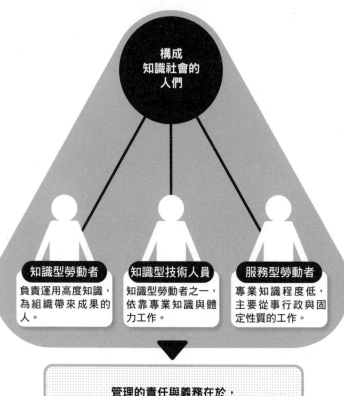

構成
知識社會的
人們

知識型勞動者
負責運用高度知識，
為組織帶來成果的
人。

知識型技術人員
知識型勞動者之一，
依靠專業知識與體
力工作。

服務型勞動者
專業知識程度低，
主要從事行政與固
定性質的工作。

**管理的責任與義務在於，
提高知識型與服務型勞動者的生產力。**

 構成知識社會的勞動者中，地位最重要的是知識型勞動者。其中，知識技術人員的存在價值勢必愈來愈高。

022

知識型勞動者與組織社會
Knowledge Executive and Society of Organization

　　知識型勞動者具備高度專業知識，在各自的專業領域是決策者，負責為組織帶來成果、做出貢獻。但是，單憑極高的專業知識，不能創造產能。唯有結合不同領域的專業知識，才能達成高產能的成果。因此，知識型勞動者注定將歸屬組織。

　　知識社會中的組織，肩負統率知識型勞動者的任務，杜拉克稱其為「組織社會」。本書一再提起，管理的目的在於為組織創造成果。因此，21 世紀的組織社會管理課題，就是集合具備專業知識的人，也就是擁有強大生產工具的知識型勞動者，形成組織，進而創造碩大的成果。

　　即使聚集再多知識型勞動者，管理品質不佳，還是無法獲得較高的成果，甚至可能造成組織衰退。因為，如同前述，知識型勞動者可以帶走自己的知識。一旦他們感受到，能力無法在組織中充份揮發，就會帶著最重要的生產工具，也就是自己的知識，逃出組織。對組織而言，最大的資本財，就是這群知識型勞動者。一旦失去他們，組織將非常悽慘、形同空殼，不可能再創造高度生產力。總之，21 世紀的管理要追求的，不是工廠勞動者的產能，而是如何帶動知識型勞動者的生產力。換句話說，管理學這門知識探究的是，如何利用知識型勞動力提升生產力，也可說是「將知識用於知識」。[4]

圖解 3-3　泰勒與今後的管理學

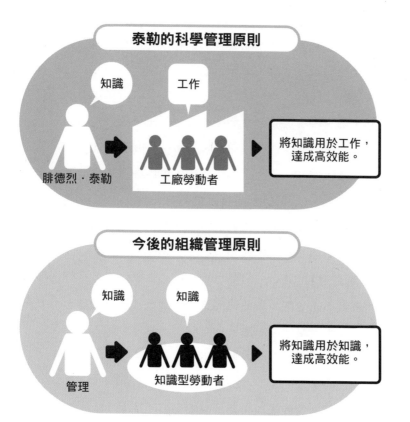

泰勒的科學管理原則

知識　　工作

腓德烈・泰勒　　工廠勞動者

將知識用於工作，達成高效能。

今後的組織管理原則

知識　　知識

管理　　知識型勞動者

將知識用於知識，達成高效能。

☞腓德烈・泰勒（Frederick Taylor）藉由科學管理原則，將知識用於工作。但今後的管理不可或缺的，是將知識用於知識的原則。

023

適合知識社會的組織型態

Knowledge Society Organization

能夠提高知識型勞動者生產力的組織，有什麼樣的架構？本節將藉由杜拉克提出的「典型組織型態」來說明。[5]

① **棒球隊型態**：依工作內容區別職位，球員負責的守備位置固定不變，都有既定的工作（職責），但不像一般團隊重視團體行動，而是著重各成員能否將自身能力發揮到極限。

② **足球隊型態**：也是以工作內容區分職位，成員有固定位置。但棒球隊型態的組織，工作內容各自串連，而足球隊型態的組織，工作內容則是相互並行。這種團隊的特徵在於，需要教練定下明確的策略，領導工作進行。

③ **網球雙打型態**：杜拉克認為，這種型態的組織就像少數成員組成的爵士樂團。主要特徵是引導其他成員發揮優點、互相彌補弱點。大企業的最高階管理團隊，大多屬於這種型態。

④ **管弦樂團型態**：這種型態是由足球隊型態發展而成，最大的特徵是，團隊如同管弦樂團，不同樂器群的專家，使用相同的樂譜，遵照指揮的指示，致力呈現最好的演奏。

杜拉克指出，能因應知識社會的未來組織型態，就是像管弦樂團的團隊。[6]也就是說，網球雙打型態的最高階管理團隊，以指揮的身分，帶領知識型勞動者組成的管弦樂團。

圖解 3-4　未來的組織型態

 棒球隊型態　 足球隊型態　 網球雙打型態　 管弦樂團型態

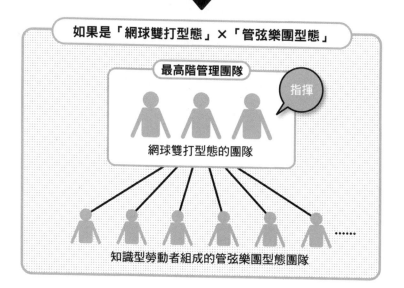

如果是「網球雙打型態」×「管弦樂團型態」

最高階管理團隊

指揮

網球雙打型態的團隊

知識型勞動者組成的管弦樂團型態團隊

☞ 如此發展下去，組織將變得扁平化，容易發生升遷和薪酬方面的問題，這些都是必須解決的大問題。

024

確立組織目標，避免各自為政

Objectives of Organization

　　前一節介紹過，知識社會中有不同的組織型態。但是，無論何種型態，絕對不可少的是「確立組織的目的、目標與存在理由」。因為，知識型勞動者具備高度專業知識，是自身專業領域的決策者。為了讓這些專家組成團隊、發揮作用，必須釐清團隊的行進方向，設定明確的目的、目標；反之，將造成難以想像的後果。

　　容我再次提醒，在專業領域中，知識型勞動者是決策者。若組織或團隊的目的或目標曖昧不明，將如同星火燎原，造成這些勞動者各自為政，全憑喜好作決策。這種情況雖然不一定會發生，但至少無法排除發生可能性。如此發展，組織或團隊還能獲得豐碩的成果嗎？簡直痴人說夢。

　　如果真的想提高生產力，除了設定明確的目的，所有知識型勞動者，還必須熟知組織的目的。以此為前提，全體知識型勞動者下決策之際，應該專注於達成目的。

　　組織或團隊都應該設定目的、立志達成目的。這對任何型態的團隊而言，都是金科玉律。此時，管理的責任在於，明白傳達目的或目標。綜前所述，本篇第1章曾論及，徹底理解組織使命，是最基本也最重要的管理準則，這一點本節也再次強調，相信各位深有感觸。

圖解 3-5 明確設定目的、目標的必要

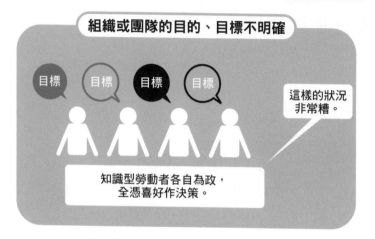

組織或團隊的目的、目標不明確

目標　目標　目標　目標

這樣的狀況
非常糟。

知識型勞動者各自為政，
全憑喜好作決策。

組織或團隊的目的、目標很明確

團隊的目標

目標　目標　目標　目標

知識型勞動者各自的目標，
皆與組織或團隊的目標相契合。

 組織或團隊的目的、目標若不明確，將造成不良影響。
明確傳達目的或目標，是管理的責任。

025

提高生產力的六項條件
Knowledge Workers Productivity

確認了目的之後，下一個課題是，如何提高知識型勞動者的生產力。杜拉克針對這一點，在 1999 年出版著作《杜拉克：21世紀的管理挑戰》提到：「提高知識型勞動者生產力的條件，大致可分為六項。」也就是：① 思考工作的目的；② 執行自我管理；③ 持續創新；④ 自發持續學習、指導他人；⑤ 理解知識型勞動者的生產力關鍵，重視質更甚於量；⑥ 知識型勞動者對組織而言是資本財。

明確了解組織或團隊目的後，為了達成它，知識型勞動者應該思考，在自身專業領域中，該怎麼做、要達成什麼貢獻，這就是①的含義。如同管弦樂隊中，指揮下達指令讓大提琴手演奏旋律，演奏出優美旋律就是大提琴手的責任，為此磨練演奏能力，則是大提琴手的職責。這一點，知識型勞動者也是一樣。

負責任的知識型勞動者，應該為自己設下嚴格的目標，同時持續磨練自身能力，這就是②～④的含義。此外，知識型勞動者的產能基準，不在於大量生產，是必須著重於品質，這是⑤的含義。更進一步來說，知識型勞動者能夠帶著知識移動，對組織而言是資本財，也是極為重要的生產工具。進行管理之際，必須謹記此這一點，就是⑥所要傳達的。

圖解 3-6　提高生產力的六項條件

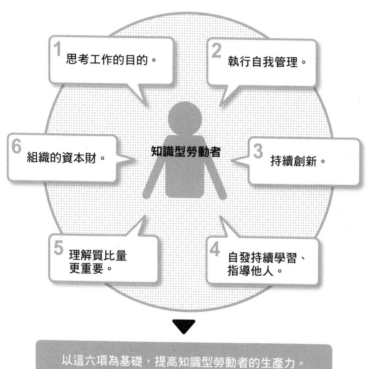

1 思考工作的目的。

2 執行自我管理。

知識型勞動者

6 組織的資本財。

3 持續創新。

5 理解質比量更重要。

4 自發持續學習、指導他人。

以這六項為基礎，提高知識型勞動者的生產力。

☞ 提高知識型勞動者的生產力，是現代組織的一大課題。
因此，知識型勞動者必須學會自我管理。

026

提高團隊合作的關鍵：目標
Objective-Based Communication

　　知識社會中的組織，必須讓知識型勞動者自發執行自我管理。理解組織或團隊的目的，明瞭自己的工作後，提出目標、努力達成，為組織貢獻成果。這些都是知識型勞動者必須肩負的責任。但是，忽略團隊合作，則無法達成高生產力。要讓知識型勞動者提高團隊合作的意識，方法在於「溝通」。對組織而言，溝通是為了讓成員了解彼此的目標，釐清該做什麼。因此，首先必須表明，組織或團隊的目的為何。相信各位都已了解，這個環節絕對不可或缺。

　　接著，每一位知識型勞動者，依循組織或團隊的目的，設定自己的目標，然後在組織和團隊中公開，這才是重點。如此一來，成員就能理解彼此的目標，並且藉此與他人溝通。而且，每個人都公開目標，還能為其他成員提供有幫助的資訊，同時，也能輕易從他人身上獲取資源，以達成自身目標。此外，團隊成員在工作中，出現意見分歧時，可以根據自身目標，調整工作進行的方向。

　　根據各自的目標互相溝通，也能夠促進團隊合作。像這樣設定明確目標後公開，是溝通與團隊合作的關鍵，它的重要性值得一再強調。不過，溝通與團隊合作，並非最終目標，而是自我管理的關鍵，詳情請參考第 031 節。

圖解 3-7　加強團隊合作的做法

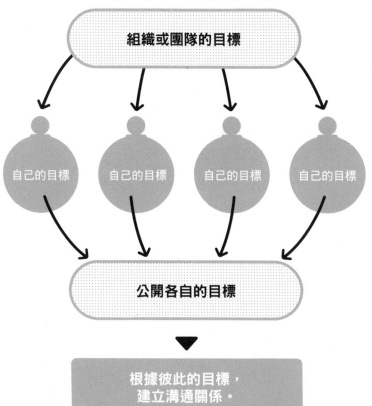

組織或團隊的目標

自己的目標　自己的目標　自己的目標　自己的目標

公開各自的目標

根據彼此的目標，
建立溝通關係。

 公開彼此的目標，便能輕易互相調整工作狀況，並且在
調整階段進行溝通，有助於促進團隊合作。

027

委外的必要性
Outsourcing

　　知識社會中的組織，主要特徵之一就是委外，將特定業務外包出去，藉此集中資源在擅長的領域。現代企業相當依賴這種做法，而且隨著知識社會發展，這種傾向會愈來愈明顯，還會發展得更蓬勃。這是因為，知識社會的組織與團隊，都是以目的為導向。知識型勞動者遵循組織的目的，確立自己的工作，並且透過完成工作，為組織貢獻成果。此時，最重要的就是，集中心力在專業領域的工作上。除此之外的行動，都會形成阻礙。

　　因此，具備高度專業的知識型勞動者，組成目的一致的組織或團體，並且盡心完成份內工作，才能創造優異的成果。換句話說，知識型勞動者做好份內的工作，就能為組織帶來超群的競爭力，也就是所謂的「核心競爭力」（Core Competence）。

　　從組織的角度來看，核心競爭力必須持續強化，以求更進一步提高生產力。另一方面，組織對於核心競爭力以外的領域，大多傾向從外部引進資源。因此，在策略價值較低的領域，便愈加依賴委外的做法。而且，組織的目的愈明確，核心競爭力的領域就愈專業，委外的項目也更加寬泛。

　　近年來，派遣勞動者的問題受到矚目。這是與人力和勞動相關的重大問題。然而，根據「委外」的經營趨勢發展，可想而知，今後對於派遣勞動力的需求，應該是有增無減。

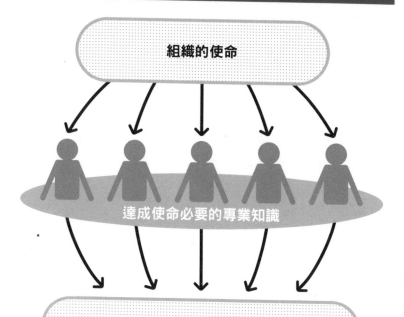

圖解 3-8　發展蓬勃的委外工作

組織的使命

達成使命必要的專業知識

愈集中於專業領域，愈能提高成果。

核心競爭力以外的領域，
就轉而委外處理。

隨著知識社會發展，知識型勞動者的生產力愈重要，組織也更依賴委外資源。就這一點來看，應該就能理解，專業化的高度知識，將愈來愈受到重視。

028

判別委外項目的方法

Methods of Outsourcing

有一種方便的工具，叫做「選擇與集中矩陣」。它能利用下列兩項基準為思考方向，確立企業的核心競爭力與委外方針：①**策略價值**：之前討論過，明定事業目標，就能了解必須執行的工作，這兩項條件合起來就是策略。「策略價值」指的是，與策略方向相符的活動與業務，也是一旦停滯就會對組織造成極大威脅的「關鍵任務」（Mission Critical）。因此，策略價值愈高，活動或業務對組織愈是不可或缺。② **公司執行業務的能力**：每家企業執行特定業務的能力各有優缺點，但絕對無法憑藉弱點創造豐碩的成果。所以，要注意能成為優勢的業務執行能力。

根據這兩項基準，把策略價值放在縱軸，橫軸擺上執行業務的能力，就能做出以四個象限構成的矩陣圖（圖解 3-9）。其中，應該著重的象限是「策略價值高 × 業務執行高」，這就是組織的核心競爭力；此外有些業務或活動策略價值偏低但執行能力頗高，可考慮和其他企業結盟（Alliance）或是轉賣；也有些業務或活動策略價值較高但執行能力偏低，就應該同樣嘗試和其他企業結盟或建立合作關係（Collaboration）。其餘業務和活動，策略價值和執行能力都偏低，則必須委外處理。像這樣畫出四個象限，就能分辨組織的核心競爭力，以及必須委外的項目。勞動者也可以活用這個矩陣，釐清自己在組織內部的定位。

圖解 3-9　選擇與集中矩陣

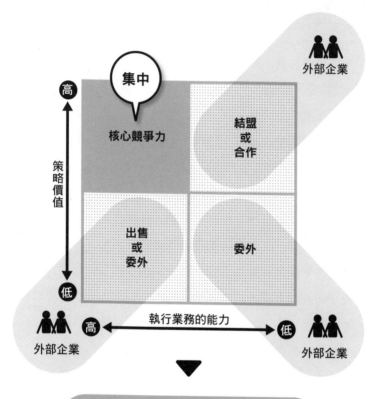

集中

核心競爭力

結盟
或
合作

出售
或
委外

委外

策略價值

高

低

執行業務的能力

高

低

外部企業

外部企業

外部企業

▼

重點在於，勞動者能否成為，
活躍於核心競爭力領域的人才。

 我們至少應該知道，如果只能活躍於必須委外的領域，
就難以在組織中存續。

029

如何靈活應對時代變化
Managing for the Future

　　知識日新月異，知識型勞動者必須持續學習，以掌握最新的專業知識，同時，還要因應時代變化，適時汲取新知。這樣「終身學習」的概念，杜拉克在著作中也反覆提及。需要因應變化的，不僅是知識型勞動者，組織也不例外。打造能夠靈活應對變化，也就是「管理變化」的組織，也是管理的責任與義務。因此，不可缺少的是，第009節提及的「廢除體制」。

　　首先，假設所有活動都沒有實施，從現在開始，思考這些活動是否有需要執行。如果答案為否，應該立即廢除。如此一來，就可以排除明顯會降低組織成效的「陳腐事物」。但是，只做廢除就會局限組織的活動。所以，必須另外創新事物。關於這一點，杜拉克提供下列做法。首先，促使體制持續自行改善，也就是日本豐田公司最有名的「改善法」（KAIZEN）。[7]

　　下一步，針對目前成功的事物，開發新的應用方法。舉例來說，想將成功的產品打入不同的市場，勢必得開發出一套全新方針。此外，要在已取得成功的市場投入新產品，也必須開發新的因應方法。最後一步是要「推動創新」。杜拉克認為，不是只有天才能創新，透過學習也能獲得創新的能力。他也提出學習的方法，詳見第5章。同時執行以上三項活動與廢除體制，正是管理者的職責。

圖解 3-10　組織如何應對變化

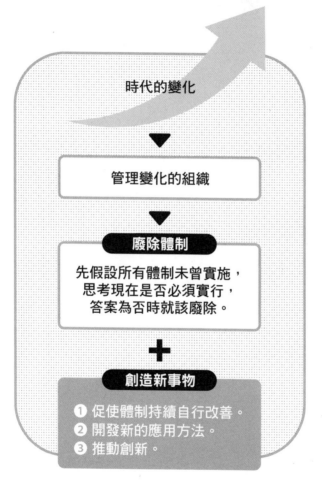

時代的變化

管理變化的組織

廢除體制

先假設所有體制未曾實施，
思考現在是否必須實行，
答案為否時就該廢除。

＋

創造新事物

❶ 促使體制持續自行改善。
❷ 開發新的應用方法。
❸ 推動創新。

☞ 想建立能靈活應對變化的組織，必須廢除陳腐的體制，
同時持續創造新的事物。

030

誰是「決策者」?

Effective Executive

說到「決策者」,大家會想到什麼呢?或許有人覺得是「開著進口車兜風的年輕經營者」,但這很明顯是誤解。杜拉克在1966年出版的著作《杜拉克談高效能的5個習慣》[1],深入描寫了決策者的種種。

決策者和本章內容關聯非常深,首先,我們從杜拉克的定義開始談起。為此,我不得不介紹,杜拉克一再提及的寓言故事「三位石匠」[2]:某天,有人問起三位石匠在做什麼。第一位石匠說:「我是靠這份工作糊口的。」第二位石匠回答:「我是國內技術最好的切石工匠。」第三位石匠則是答道:「我在蓋一座教堂。」這三人當中,有一人會是決策者,請想想是哪一位?

答案是第三人,為什麼?「決策者」源自英語「Executive」,直譯過來的意思是「自己做決定並且實行的人」。杜拉克更進一步,將決策者定義為「為組織成果負起責任,下決定並且實行的人」。

寓言故事中的三位石匠,只有第三人工作時根據組織成果(完成教堂),自行訂定了職責。此外,知識型勞動者也是依循組織或團隊的目的,為自己訂定工作、設立目標,並且將達成成果視為己任。因此,知識型勞動者也是決策者,不,應該說必須是決策者。

圖解 4-1　三位石匠

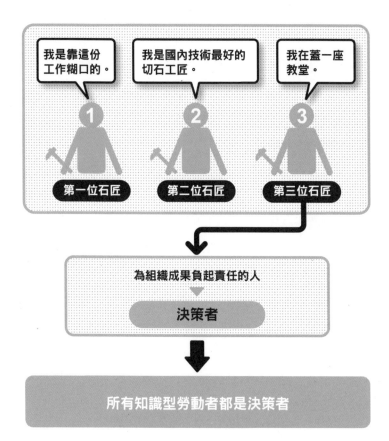

 第三位石匠依循組織成果，訂定自己的職責，可以說是決策者。知識型勞動者都應該成為第三位石匠

031

用 PDCA 做好自我管理
Management by Objectives and Self-control

知識型勞動者亦即決策者，熟知組織和團隊目的，能決定自己的工作，自行設定目標，並且實際執行。他們的工作如同前述，需要極度自律，不需命令便能依自身意志行動，不是被動接受工作，而是主動自己工作。而組織達到成果與否，取決於這群自律的知識型勞動者。

換言之，身為決策者的知識型勞動者，應該為組織貢獻極佳成果，嚴格做好自我管理。杜拉克也提過，如果想提高決策者的生產力，關鍵在於實踐「管理目標與自我管理」，一般簡稱為「目標管理」或「MBO」。[3] 這指的是，組織或團隊的成員，必須因應組織或團隊的目的或目標，主動公開工作目標，並且為此自律做好自我管理。

第 019 節曾提過，企業可透過 PDCA 循環，持續改善經營活動。實際上，目標管理的不二法門，就是將 PDCA 循環用於自我管理。首先，根據具體成果設定目標，並且訂定達成計畫（Plan）。下一步，採取行動（Do）達成目標。接著，一段時間後，比較預期成果與實際結果（Check）。最後，掌握差距找出必須改善的地方，作為達成下一個目標的回饋參考（Act）。其中，最初應該重視的是設定目標。請務必記得，設定適當的目標，是目標管理能夠順利發揮作用的關鍵。

圖解 4-2　目標管理與 PDCA 循環

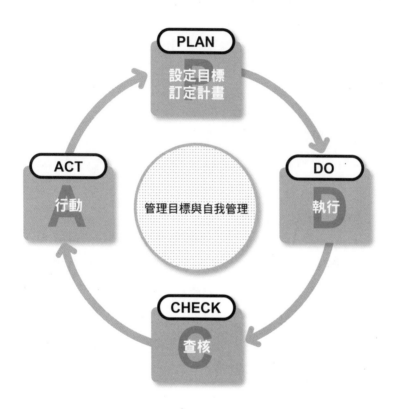

 設定目標時，應以關鍵績效指標（KPI）呈現。此外，盡可能提高目標的門檻。以此為前提，善用 PDCA 循環為基礎，致力於持續改善。

032

用回饋分析法設定新目標

Feedback Mechanism

第 018 節曾提及的回饋分析法，是為了設定新目標，而執行的一系列回饋活動。做法是以根據目標設定的預期成果，與實際結果兩相比較，找出必須改善的地方。這也是執行個人目標管理時，不可或缺的一個環節。

其實，必須執行回饋分析法，才能完成 PDCA 循環。況且，若是少了回饋，組織活動就會變成「一但開始就只管執行」。因此，進行目標管理時，與設定目標同等重要的，就是執行回饋分析法。此時，有三項分析重點要特別注意：① **這段時間內，執行成果優異的工作是什麼？**② **用盡全力執行的工作有哪些？**③ **執行成效不佳或是失敗的工作有哪些？**

這些重點，可以透過比較預期成果與實際結果，看出兩者差距。接著，為了消除差距，必須思考下列三項課題：① **資源應該集中在哪裡？**② **應該改善的項目有哪些？**③ **必須學習的要點是什麼？**[4]

藉由思考「集中」「改善」與「學習」三項課題，以擬定下一個新目標。前述回饋分析法的六道提問，使用起來非常方便且有效，請務必將它活用於個人的回饋分析。當然，不用多說，套用在團隊及組織的回饋法上，也非常有益。

圖解 4-3　回饋分析法的六道提問

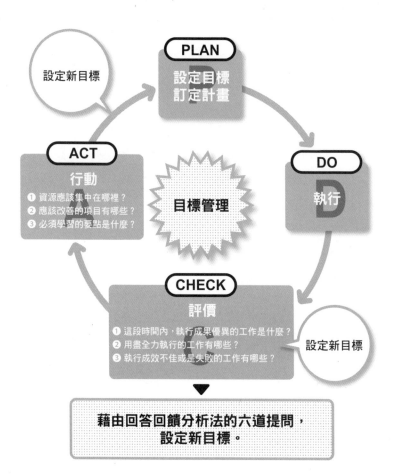

PLAN
設定目標
訂定計畫

設定新目標

ACT
行動
❶ 資源應該集中在哪裡？
❷ 應該改善的項目有哪些？
❸ 必須學習的要點是什麼？

目標管理

DO
執行

CHECK
評價
❶ 這段時間內，執行成果優異的工作是什麼？
❷ 用盡全力執行的工作有哪些？
❸ 執行成效不佳或是失敗的工作有哪些？

設定新目標

藉由回答回饋分析法的六道提問，
設定新目標。

回饋分析法的三道提問和消除差距的三道提問，合起來
共六道提問，都是持續改善不可或缺的關鍵。

033

找到優勢並且聚焦
Identify Strengths

前一節提出的回饋分析法六道提問中，思考後半部三項課題「集中」「改善」與「學習」時，最重要的就是將「自身優勢」做為核心原則。第 015 節曾提到，設定事業目標之際，應著眼於組織的優勢，而非弱點。這一點同樣適用於設定個人目標。

每個人都有勝過他人的優勢，也有劣於他人的弱點。自己和他人相比能勝出的優勢，在經濟學上稱為「比較優勢」。根據這項原則，我們在設定目標時，最重要的就是將資源集中投注於相對有優勢的領域。然而，我們往往會灌注太多心力克服弱點。我想，這恐怕是升學和證照考試帶來的弊害。

假設有一場考試，是以三科總分判定合格與否，而我有實力考取兩科滿分，剩下那一科卻一塌糊塗。此時，若想提高總分，繼續花時間讀擅長的那兩科，一點意義也沒有。因為，我再怎麼努力，都無法考超過 100 分。所以，我只能努力考好最差的那一科，也就是得想辦法克服弱點。的確，面對像這樣的考試，克服弱點會相當具有成效。然而，要在社會上獲得成果，與接受考試並不一樣。在此，請注意杜拉克是怎麼說的：「**任何事情能夠成功，絕對是因為善用了優勢，弱點並不能帶來任何成效。理所當然，從做不到的事情著手，到頭來終將一事無成。**」[5] 這段警世名言的確是杜拉克的風格，而且我認為他言之有理。

圖解 4-4 根據優勢設定目標

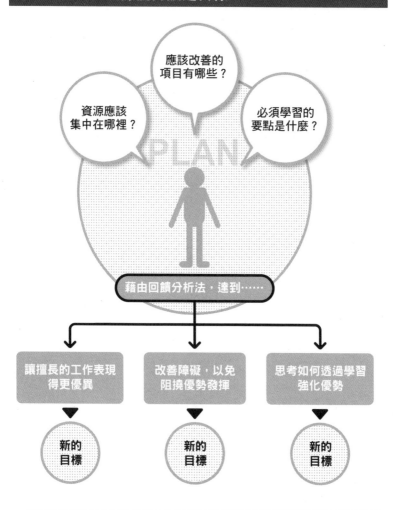

藉由回饋分析法設定目標，讓優勢能夠發揮得更淋漓盡致。任何事情能夠成功，絕對是因為善用了優勢

034

注意身邊同事的優點
Advantage-Based Management

「不在意弱點，專注於優勢」的態度適用於自己，也能套用在同事上。例如，要是企業培育人才時主要著眼於克服弱點，企業裡會是怎樣的人占多數呢？結果是，這家企業裡的人只知道克服弱點，整體表現極為平庸，能達到的成果不過爾爾。

有人願意在這樣的企業裡工作嗎？大多數的人想必都敬謝不敏吧。根據這個例子，應該能了解本節開頭強調的重點。簡單來說，就是將關注的焦點放在優勢上，而且，這樣的想法也必須套用於同事身上。如果你是主管，就應該注意部屬的優勢，而非挑剔他們的弱點。因為即使讓他們克服弱點，也無法從中達成什麼豐功偉業，唯有發揮強項，才能創造優異的成果。

因此，主管面對部屬的弱點，應該睜一隻眼閉一隻眼，[6] 同時善用部屬的優勢，思考如何創造一加一大於二的成果。然而，當部屬的弱點妨礙當事人發揮優勢，主管就絕對不能放過，反而要督促對方改善弱點，並且更進一步強化既有的優勢。

身為部屬的人也一樣，必須思考同事擁有什麼樣的優勢，特別是必須了解主管的強項，並且在工作中加以善用。如此一來，當主管竭盡所能發揮優勢，最終創造出來的成果，亦即團隊的成果，便可達到最高境界。團隊的成果也是自己的成果，想讓自己發揮最佳實力，就必須思考如何善用他人的優勢。

圖解 4-5 創造以優勢為導向的組織

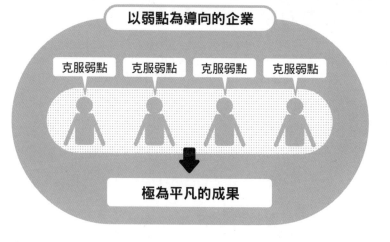

以弱點為導向的企業

克服弱點　克服弱點　克服弱點　克服弱點

↓

極為平凡的成果

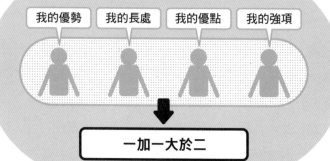

以優勢為導向的企業

我的優勢　我的長處　我的優點　我的強項

↓

一加一大於二

 必須翻轉應該克服弱點的想法。為了提高組織的成果，必須著眼於每位成員的優勢，設法將其結合，創造最大效益。

035

提升生產力第一步：貫徹時間管理
Know Thy Time

　　每個人一天都只有 24 個小時，不會比其他人多。而且，人難免一死。也就是說，世上所有人的條件都一樣，時間有限，無法保存或轉移，而且這一點絕對無法改變。

　　杜拉克曾說：「和時間這項資源相較之下，資金等一般認為重要的其他資源，實際上屬於相較豐沛的資源。」[7] 因此，要成為創造成果的決策者，最需要關心的一件事就是，如何有效管理、運用時間這項資源。杜拉克表示，能夠提高成果的時間管理，可分為以下三個階段：① **記錄時間**；② **管理時間**；③ **整合時間**。[8]

　　第一階段分析我們如何運用時間。因此，建議以 15 或 30 分鐘為間隔，記錄時間的使用方式。此時，切忌單憑記憶記錄時間，重要的是即時記錄。倘若事後才記錄，會受到先入為主的成見影響，無法精確寫下時間的使用方式。

　　第二階段可以區別出必要與不必要的行動，藉此針對必要的行動，找出浪費時間的原因，並且改善使用時間的方式。接下來，第三階段可以排除不必要的行動，有效執行必要的行動，將剩餘時間集中保存。

　　每年定期執行前述步驟二至三次，即可將有限的時間，分配給必須優先執行的行動，藉此專注於工作上。

圖解 4-6　時間管理的三個階段

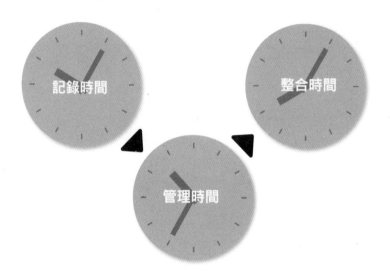

記錄時間

管理時間

整合時間

所有人共同的條件，就是一天只有 24 個小時，因此，決
策者若想提高工作成果，做好時間管理是不可或缺的條
件。

036

活用時間的三大關鍵
Eliminate Time Wasters

定期記錄時間使用方法的下一步，就是要加以管理，因此，必須分析時間都用在什麼地方。關於這一點，杜拉克提出下列三項分析準則：① **浪費時間的工作**；② **其他人也能做的工作**；③ **浪費他人時間的工作**。[9]

①指的是花費許多時間卻無法達到預期成果的工作，可以說是典型無產能的工作，甚至是扯後腿的工作也不為過。找出這些無意義的工作，可以幫助組織廢除體制（第 009 節）。②能區別出花費時間處理的工作中，他人也能夠執行的工作。換句話說，就是不必自己親力親為的工作，或是必須交辦給他人的工作。

請回想第 027 節曾提及，知識社會中的組織型態，知識型勞動者必須集中於專精領域的重要工作，才能為自己、為組織帶來優異的工作成果。他人也能做的工作，也可以定義為沒有必要自己去做的工作。既然如此，就應該把勞力和時間，分配給必須優先執行的工作。

③則是不只考慮自己也得推己及人，檢討自己所做的事是否浪費了他人的時間。杜拉克特別指出，想釐清這一點，就必須定期反思：「我所做的事情，有沒有讓他人平白花費不必要的時間？」

圖解 4-7　時間管理的三項準則

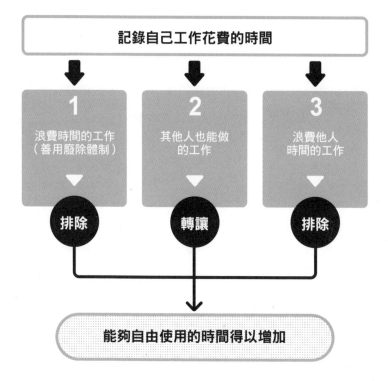

記錄自己工作花費的時間

1	2	3
浪費時間的工作 （善用廢除體制）	其他人也能做 的工作	浪費他人 時間的工作
▼	▼	▼
排除	**轉讓**	**排除**

能夠自由使用的時間得以增加

 定期分析時間的使用方法，並活用前述方法，增加可自由使用的時間，請各位務必嘗試。

037

從最優先的事開始做起
First Thing First

分析時間、排除無產能的活動後，就要整合時間，把這段完整的時間分配給重要的工作，並且集中執行。

杜拉克對於「集中」的定義是：根據「真正有意義的事情」和「最重要的事情」這兩個觀點，針對時間和工作，以自我意識做決策的勇氣。[10] 他還指出，以此為前提，負責創造成果的決策者，必須重視下列兩項重點。① **從最重要的事情著手；② 一段時間只做一件事。**

一般來說，提到「集中」，很容易會想到重點二。但是，集中在非當務之急的事物上，並沒有多大的意義。因此，以集中為前提，第一步是思考，最重要的事物為何，否則無法獲得良好的成果。為了找出重要的事物，就應該列出清單，排序出優先順序後，依重要程度分配時間給各項工作。至於決定優先順序的方法，杜拉克設定了下列四項準則：① **不選過去，要選未來；②聚焦重點不是問題，而是機會；③ 不追求齊頭式平等，應決定各自的方向；④ 專注於能夠帶來變革的事物。**

以這四項準則決定工作的優先順序，再利用第 017 節提到的強制選擇法，將一段完整的時間，分配給優先程度較高的工作。接著，在這一段時間內，只集中處理一件工作，就是創造高度成果的訣竅。

圖解 4-8　利用強制選擇法分配工作時間

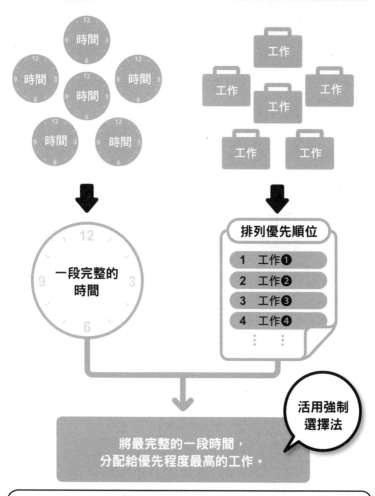

將最完整的一段時間，
分配給優先程度最高的工作。

活用強制
選擇法

☞　利用強制選擇法分配工作時間後，這段時間內只集中處
　　理一件工作。完成之後，再次考慮優先順序，並且分配
　　工作。

038

率先引起變化的領導者
Change Leader

本章已經闡述過，知識型勞動者該如何自我管理，也提及目標管理與回饋分析法有多麼重要。接下來要說明，理解優勢、管理時間，並藉由選擇與集中處理工作，為什麼對組織與勞動者很重要？前述各項，對知識型和服務型勞動者而言，都是達成高度工作成果不可或缺的行動。特別是知識型勞動者，在自身專業領域中，必須具備高度自我管理能力，這些行動就更顯意義重大。

另一方面，前述各項行動，都屬於短期的視野。舉例來說，行銷和創新才能創造客戶（詳見第 006 節），相對於行銷是透過短期視野創造客戶，創新則是以中、長期視野評估事物。這項論點不僅針對組織，同時也可做為個人的行動準則。為了持續提高個人生產力，單憑短期視野無法達成，還必須透過長期視野思考。環境總是隨著時間變化，時間愈長變化就愈大，這點道理人人都熟知。但是，人類就是這麼不可思議，明知變化無常卻又討厭變化，總是緊抓著過去，認為這樣才是安定。

然而，這樣下去總有一天將無法因應時代變化。緊抱過去不放並不是安定，也絕非長久之策，所以杜拉克才會不斷重申，要成為變革的領導者[11]，也就是身先士卒站在變化勢頭上的人，更適切的說法則是：親自引起變化的人。世界永遠充滿變化，所以率先從自己開始變化，也是在變化中求生存的不二法門。

圖解 4-9　以變革的領導者為目標

隨著時間經過

一開始是
嶄新的
事物

變成
陳腐的
事物

為了避免被時代淘汰，要成為

變革的領導者

 世間的變化無法控制，唯一能做的，就是站在變化的浪
頭上。（中略）在結構變化急遽的時代中，如果想繼續
生存下去，唯有自己成為變化的旗手，也就是變革的領
導者。本段出自《二十一世紀的管理挑戰》。

039

熊彼得的創新理論
Innovation

創新指的是針對人才、物質或社會資源，賦予能創造嶄新、更多財富的能力。最早提出創新重要性的人，是經濟學家熊彼得，他感興趣的，是非連續性進化的經濟發展，就像「從馬車發展成汽車的變化」。不管生產多少馬車，都不可能發展出汽車，馬車發展成汽車的變化，並不是連續性的現象，而是非連續性的發展：「徹底變更框架和習慣的軌道」。[1]他還認為，正因為有非連續性的發展，社會才能享受到經濟的發展。

那麼，促使非連續性發展的力量是什麼呢？熊彼得提出「新組合」這個關鍵詞，說明「組合」代表生產，也就是組合身邊的物資和人力，生產出某些東西。「新組合」指的是從既有的舊組合中奪取物資和人力，用新的方法加以組合。像這樣「不斷破壞舊事物，創造新事物」，[2]就稱為「創造性破壞」（Creative Destruction），是熊彼特最著名的概念。但他認為執行新組合的主體是企業家，管理企業日常業務的人是經營者。杜拉克則表示，創造顧客的活動是行銷和創新，經營者則必須管理這兩項活動。

總結來說，熊彼得將日常經營業務和創新分開闡述；杜拉克則整合這兩項活動並視為管理的範疇，還提出「新組合＝創新」的五種型態，作為推動創新的有效方針，詳見圖解 5-1。

圖解 5-1　創新與熊彼得

經濟發展的原動力就是新組合。
執行新組合與創造性破懷，就是創新。
——約瑟夫‧熊彼得

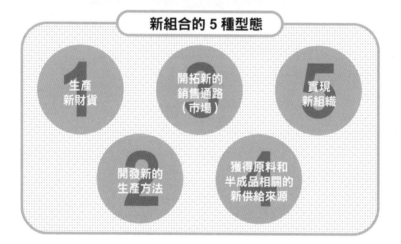

新組合的 5 種型態

1 生產新財貨

3 開拓新的銷售通路（市場）

5 實現新組織

2 開發新的生產方法

4 獲得原料和半成品相關的新供給來源

 杜拉克將熊彼特的創新理論，視為管理的一環，而行銷和創新，是創造客戶的兩大活動。

040

創新的體制
Practice of Entrepreneurship

如前一節所述,杜拉克把創新視為管理的一環。此外,杜拉克認為,還有一點更需要注意:創新並非特定人士才能執行,任何人都能透過訓練,學會創新的方法。因此,他提出一套方法,可以透過體制有效管理創新。[3]這套方法分為下列三大重點:

① 七個創新機會的來源。

② 推動創新的策略。

③ 推動創新的組織。

其中,重點①在於,關注實現創新的機會。杜拉克舉出七條線索,能有效發現這些機會,並且稱為「七個創新機會的來源」（詳見第 041 節）。為了利用體制實踐創新,就必須探尋這七個來源。所以,杜拉克把它認定為創新的第一步。

接著,若發現絕佳的好機會,就必須擬定推動創新的策略。為此,杜拉克提出了四項基本策略,詳見第 046 節。為了推動策略,下一步則必須建立完善的管理體制,亦即推動創新的組織,詳見第 049 節。

將前述事項轉為圖表,就是次頁圖解 5-2「實踐創新的體制」。本章講述的各項理論,都是以這張一覽表為基礎。

圖解 5-2　實踐創新的體制

七個創新
機會的
來源

- 意料之外的事件
- 不一致的狀況
- 程序需要
- 產業與市場結構的變化
- 人口結構的變化
- 認知的改變
- 新知識

推動
創新的
策略

- 孤注一擲
- 打擊對方弱點
- 生存利基
- 改變價值及特性

推動
創新的
組織

- 關注機會並徹底驗證
- 改成簡單的事物
- 從小規模開始
- 以頂點為目標

 請謹記上述體制實踐創新。經過訓練，就能獲得創新的技術。

041

七個創新機會的來源
Innovation Opportunity

　　杜拉克將已經發生但多數人尚未發現的變化稱為「已經發生的未來」或「嶄新的現實」。早一步掌握這樣的趨勢，並且加以靈活運用，便能產生創新。簡單來說，就是活用機會。但是，沒頭沒腦尋找「創新機會到底在哪裡？」實在非常沒效率。因此，杜拉克提出七大領域（七個創新機會的來源）說明如何搜索創新的機會，見圖解 5-3。下一節開始將詳細說明這七個項目，在此只依序說明七個來源的整體特徵重點。

　　事實上，這七個來源的順序，並非隨意編排。排序愈前的機會，帶來創新的可信度和達成性愈高，而且特徵是前置期（lead time）較短。也就是說，①和②相比、②和③相比，前者創新的可信度愈高，並且具備即時性的效果。因此，如果想在短時間內推動創新，重點是徹底關注排序最高的項目①「意料之外的事件」。這一點實在非常重要，因此將於下一節詳細說明。

　　此外，這七個來源中，①～④屬於組織與業界、市場的內部環境。在此要注意的是，內部環境通常是指組織內的環境，但這裡並不侷限於組織內部，還包括業界與市場內部。而⑤～⑦則是構成業界的外部環境。由此可知，創新就在我們身邊，存在於自家公司、業界和市場內部。從下一節開始，我們將更進一步探究細部詳情。

圖解 5-3　七個創新機會的來源

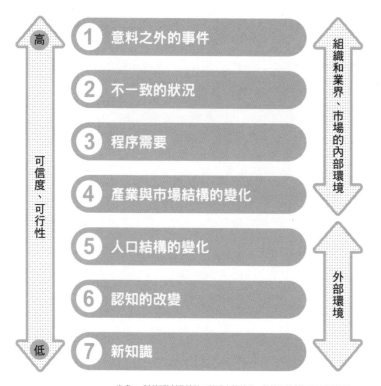

出處：《創新與創業精神：管理大師彼得·杜拉克談創新實務與策略》。

 為了找到創新的機會，有系統地探索這七個來源，是絕對必要的過程。特別是「意料之外的事件」這一項，與我們息息相關，更值得關注。下一節開始將詳細解說。

042

風險最小的創新：意料之外的成功
Unexpected Success

與我們最為息息相關的創新條件，就是找出「意料之外的事件」，這些事件又可分成三類：① 意料之外的成功；② 意料之外的失敗；③ 意料之外的外部變化。舉例來說，現在的電話是一對一即時傳遞訊息的工具。然而，當初美國發明家貝爾是以實況轉播裝置為賣點，讓人們可以遠距離聽到演講或演奏會。

貝爾在 1876 年取得電話的專利後，在同年的費城萬國博覽會上，轉播自己的演講給波士頓民眾，藉此展示電話的功能。而且，他還在飯店大廳設置電話，推出可以遠端欣賞劇院演奏會的付費服務。但不久後，電話成了狹小地區的通訊工具。因為在這些地區，電話可輕鬆用於通訊，電報和信件反而不是那麼方便。當初，貝爾認為電話應該當作實況轉播裝置來推銷，但它卻成為單一地區內的通訊工具，是「意料之外的事件」。

不過，電話的需求量增加，正是「意料之外的成功」，不僅造就這項工具應有的使用方式，也確立了它的創新地位。意料之外的成功代表的是產業、市場和顧客的既有定義正在改變。只要順著這個思考邏輯，進一步追求意料之外的成功，就愈有可能創造出，能因應市場與顧客變化的創新。

圖解 5-4 意料之外的事件

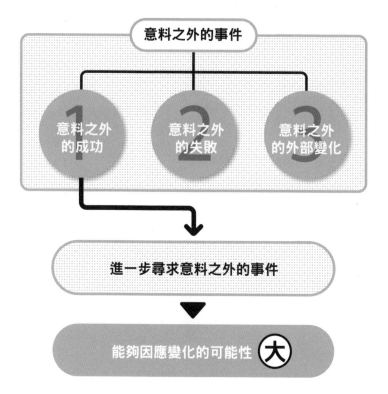

意料之外的事件

意料之外
的成功 **1**

意料之外
的失敗 **2**

意料之外
的外部變化 **3**

進一步尋求意料之外的事件

能夠因應變化的可能性 **大**

 在七個創新機會的來源中，意料之外的成功最有可能、
最可靠能帶來創新。因此，一旦發現意料之外的成功，
就應該追到底。

043

意料之外的事件背後
Unexpected Failure

除了意料之外的成功，同樣值得注意的是意料之外的失敗，也就是進展順利的事物遭受不明原因導致失敗。一般都會認為這次只是偶然，下次就沒問題。不過，意料之外的失敗背後，或許存有某種環境變化因素。如果視而不見，固守成規，意料之外的失敗很有可能變成「預期內的失敗」。而且如果能反過來透過意料之外的失敗，提早看出環境的變化並且採取對策，就很有希望把失敗轉化為創新的機會。

此外，與成敗沒有直接關聯的外部狀況，有時也會出現意料之外的變化。例如，最近在居酒屋裡，可以看到一群媽媽帶著小孩，或是祖父母和年輕夫妻帶著小孩一起用餐。現在的居酒屋已經與過去不同，不是僅限成人進入，我想 這也是意料之外的外部變化。這個例子正好也能說明，過去市場上既定的客群分類：男／女、大人／小孩，或許已經瓦解。如果這個意料之外的外部變化確實成立，其他產業也可能藉此獲得前所未有的成功。

獲取意料之外的成功後，首要任務就是以「第二隻泥鰍」為目標，重複相同的行動，甚至可以說「守株待兔」並非毫無建設性。此外，如果能確實掌握變化的背景因素，勢必可以提高創新的可能性。杜拉克也提議，在每週及每月的報告上，記載意料之外的成功，讓它不再總是被埋沒，終究得以撥雲見日。

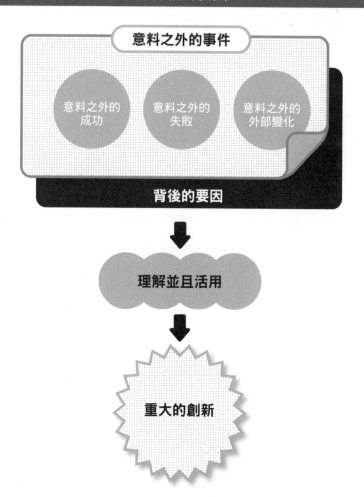

圖解 5-5　掌握事件背後的要因

意料之外的事件

| 意料之外的成功 | 意料之外的失敗 | 意料之外的外部變化 |

背後的要因

↓

理解並且活用

↓

重大的創新

探索意料之外的事件的背景，找出成為變化本質的要因，
而且如果能靈活善用，便能大幅提高創新的可能。

044

注意內部環境的創新機會
Innovation Opportunity

意料之外的事件是帶來創新機會最有力的來源，但是如果一味著眼於此，可能眼睜睜錯失當難得的機會。因此，要注意其他創新的機會：「不一致的狀況」「程序需要」和「產業與市場結構的變化」，都是存在於組織、業界和市場的要因。

「不一致的狀況」指的是，事物應有的姿態和現實之間，差距極大的狀況，也可以想成是理想與現實間的落差。第 014 節曾提到，比較事業現狀和未來願景後設定目標，就稱為落差分析。利用這套方法，探索創新機會的來源，便能找到不一致的狀況。最具代表性的例子，就是在生產和流通過程出現的落差。此外，消費者的價值觀，和企業抱持的期待與認知之間，也存在落差。

「程序需要」意指，在產出成果的過程中，處理潛在的需求。其中最淺而易見的，就是彌補過程中潛在的缺陷。或是添加事物，提高既有流程的完成度。此外，也可以應用新知識，改編舊有過程，提高完成度。

「產業與市場結構的變化」則說明，由於產業和市場結構會隨著時間而變化，企業必須提出對策，探索與以往不同的工作方式。例如，新興平價連鎖飯店收購面臨經營瓶頸的老字號旅館後，組織因而得以成長。這也可以說是，飯店業的產業結構發生變化，因而衍生出來的現象之一。

圖解 5-6　業界（市場）內的機會來源

不一致的狀況
- 程序的落差
- 與消費者價值觀之間的落差
- 與普世價值之間的落差
- 供需之間的落差

程序需要
- 潛藏於過程中的缺陷
- 增添補足，提高完成度
- 革新舊有過程

產業與市場的結構變化
- 急速成長期
- 規模成長為兩倍時
- 技術整合
- 工作方式的改變

 針對自家公司、業界和市場內部的機會來源，應該注意「不一致的狀況」「程序需要」和「產業與市場結構的變化」。

045

觀察外部環境的創新機會
Innovation Opportunity

發生在業界和市場外的變化，持續時間（跨距）會更長，創新的可信度和可行性也就愈低。話雖如此，這些變化當然還是值得注意，倘若能夠善用機會，應該可以獲得豐厚的回饋。

「人口結構的變化」是業界和市場的外部變化中，最可信的創新機會來源。特徵在於最難以逆轉、前置時間很明顯，因此非常容易預測。舉例來說，當出生率驟降，就能推測出五、六年後，學校教育將出現極大的影響。同理，也能考慮人口結構變化會如何影響自家公司的事業，並且藉此提高創新的可能性。所以，杜拉克將人口結構變化稱為「已經發生的未來」。

「認知的改變」可以換個說法，稱為社會的價值觀和文化的變化。它的持續時間比人口結構變化更長，因此可信度和可行性相對較低。前文提及的居酒屋例子中，大眾對居酒屋的認知產生變化，才會造成最後的結果。這種變化，也會大幅改變人們的生活型態，而且不需多言，其中必定潛藏創新的機會。

「新知識」產生創新所需的時間最長。舉例來說，西元前四世紀，人們就知道電力的存在，但是直到 19 世紀初，伏特發明電池後，人們才能夠真正實際運用電力。由新知識產生的創新曠日費時，而且風險也比較高，但絕對是極具挑戰價值的創新。

圖解 5-7 　外部環境與機會的來源

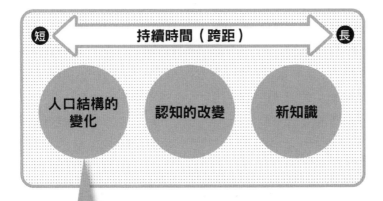

持續時間（跨距）

短 ←→ 長

人口結構的變化　　認知的改變　　新知識

要掌握「已經發生的未來」和「嶄新的現實」，
就必須了解人口結構的變化。

 思考這些變化會如何影響自己的組織，並且擬訂因應的
對策，就能實現創新。

046

四個推動創新的策略
Entrepreneurial Strategies

　　發現創新的機會後，下一步是擬定培育策略，讓創新得以實現。基本原則在於，比較實現創新後的願景與現況。這時，可以利用落差分析，找出應該達成的目標，再去思考應該如何達成它。簡單來說，這一連串的行動就是在擬定策略（見第016節）。杜拉克提出，實現創新的策略有四種基本類型：[4] ① 孤注一擲；② 打擊對方弱點；③ 生存利基；④ 改變價值及特性。

　　這四個項目是推動創新的有力方針，在此先說明前兩項。「孤注一擲」指的是傾全力迅速發動攻勢，一舉在市場上占有一席之地，同時確立頂點的地位。要是成功，便能達成莫大的創新，失敗的風險卻也很高，必須抱持一旦失敗全盤皆輸的覺悟。「打擊對方弱點」就是所謂的「創造性模仿策略」（Creative Imitation），指的是模仿市場上既有的產品加上附加價值，藉此超越既有產品，取得更多顧客的支持。

　　最早提倡「創造性模仿」的人是行銷學者希奧多·李維特，他曾擔任哈佛大學經營研究所教授，以及《哈佛商業評論》總編輯等職位。採取「創造性模仿」策略的企業，會專注觀察先行企業的一舉一動，等待創新一步步接近完成。一旦窺見完成品的全貌才開始行動，並且在短時間內做出比先行企業更能滿足消費者的產品。這項策略說到底，就是乘著別人創新的順風車。

圖解 5-8　推動創新的四個策略

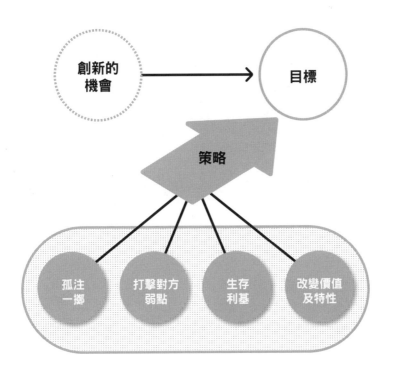

孤注一擲的風險極高，因此實施前必須謹慎評估。過去，日本企業擅長創造性模仿策略，但最近亞洲各國已紛紛迎頭趕上。

047

掌握業界與市場生態的利基
Ecological Niches

「利基」（Niche）原指走廊轉角或角落放置花瓶等物品的場所，後來引申 市場中的間隙或縫隙。杜拉克提倡利用生態系觀點找出利基，展開能夠推動創新的「生存利基策略」（Ecological Niches）。其中的生態系觀點是指，掌握業界與市場的生態系統，從中發掘深植其中、不可或缺的利基。因此，如果能占據利基，即使位置很小，只要生態系統存在，就能繼續享有利益。這和一般的利基策略，有很大的不同。市場上的企業依競爭地位可分為：市場領導者、挑戰者、追隨者和利基者，一般的利基策略，是指利基者採取的策略，僅以占據利基為目標。

杜拉克表示，生存利基策略有三種：① **收費站策略**；② **專業技術策略**；③ **專業市場策略**。「收費站策略」是指掌握業界和市場中所有人都要通行的場所，就像高速公路的收費站。例如，電子商務網站亞馬遜開放販售系統，給企業和個人自由販售商品，再在向分散全國各地的用戶收費 時，從中收取手續費，才把營業額轉給賣家，這正是典型的收費站策略。

「專業技術策略」則是憑藉專業性技術，支配部份特定市場。這項策略最能發揮奇效的時期，就是剛開拓新市場的初期，以獨特的技術開疆闢土。「專業市場策略」則是針對市場善用專業知識，獲取利基，所以經常用於外國或特殊製品的市場。

圖解 5-9　以生存利基為目標

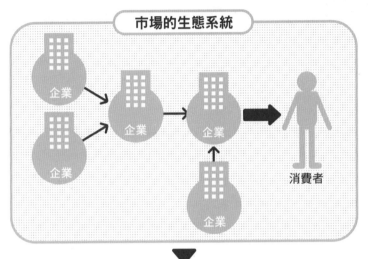

市場的生態系統

企業

企業

企業

企業

企業

消費者

▼

生存利基

找出生態系統中的利基，並且占據它。

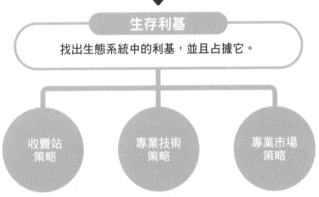

收費站
策略

專業技術
策略

專業市場
策略

☞ 生存利基策略的重點在於，掌握市場和業界的生態系統，
並且從中尋找自己的棲身之地。

048

破壞以及創新
Entrepreneurial Judo

投入先行企業不涉足的市場，站穩腳步後侵蝕先行企業市場的策略，稱為「改變價值及特性策略」。先行企業經常會忽視某些事業或市場，只占據市場中利潤最豐厚的地方，忽視或者看輕其他市場；或是抱持自負的心態，自認提供品質最高的商品，盲目相信產品功能愈多、愈複雜就愈好，結果背離使用者的價值觀。當先行企業抱持如此態度，自然會「讓出」看不上眼的市場。「改變價值及特性策略」就是要趁隙闖入，力求迅速打倒先行企業。

杜拉克提出的這項策略，還衍生出更精密的理論：破壞性創新（Disruptive Innovation）。這是由經營學家克雷頓・克里斯汀生提出，原意是「攪亂秩序的創新」。嚴格說來，創新本身就是破壞，翻譯成「破壞性創新」其實重覆了。回到正題，某些技術的效能較差，但價格相對便宜，就稱為「破壞性技術」。導入先行企業不涉足的市場後，技術也會漸漸改善，即使在先行企業占據的市場，也能因應消費者需求，而且產品性能同樣會提升。

破壞性技術原本的優勢就是價格便宜，當產品性能相同，低價的一方自然占盡好處。先行企業占據市場中的顧客，當然會轉向使用破壞性技術的產品，於是，先行企業將失去市場，很快也會被逐出市場。這樣的結果就稱為破壞性創新，也可以說是利用「改變價值及特性策略」打倒先行企業的過程。

圖解 5-10　破壞性創新

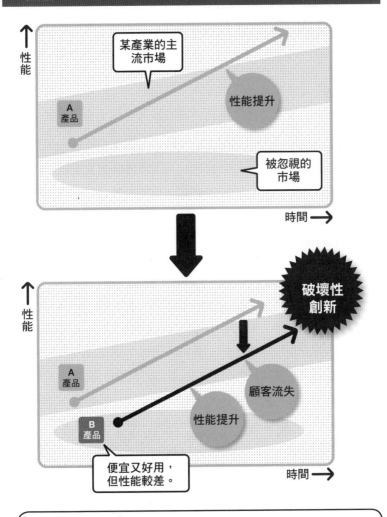

破壞性創新原為克雷頓‧克里斯汀生提出,不過這項理論其實只是用更精密的手法,實踐杜拉克的「改變價值及特性策略」。

049

打造推動創新的組織
Innovative Organization

第 029 節曾提及，想捨棄陳腐事物、常保嶄新的組織風貌，就必須廢除體制，這也是推動創新的組織必備的最低要求。以此為前提，即可建立體制推動創新行動，針對既有產品與架構，藉由體制持續自我改善（KAIZEN），開發嶄新的運用方法，並且推動創新。想打造推動創新的組織，最基本的條件，就是建立自我改善的體制。接著探索創新機會，將實現創新的基本程序，納入組織的運轉工作。為此，杜拉克提出下列四個步驟。

第一步，建立體制與系統，徹底探索創新機會的七個來源，如果發現類似機會，再評估是否可行。一旦認定某個現象蘊藏創新機會，就進入第二個步驟，別把機會看得太複雜，只要思考如何簡單活用。此時重點在於，聚焦、簡化、確立目標。

接著，採取具體行動時，要從小規模開始，第 046 節提到的「孤注一擲策略」風險太大。因此，必須牢記，只有極少數案例才要採取這種策略。最後，開始行動後，必須以該領域頂點為目標，所以，利用先前提到的各種策略，是成功的不二法門。

推動創新的行動，明顯伴隨著極大的風險。但是，杜拉克認為「成功的創新具有保守的特質」，他還表示：「創新並非風險導向，而是機會導向。」[5] 所謂機會導向，就是建立體制，施行本章提及的創新實踐方法。

圖解 5-11 在組織中植入創新程序

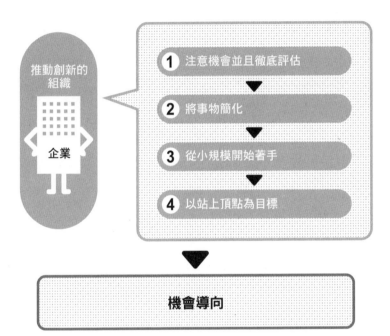

推動創新的組織

企業

1 注意機會並且徹底評估

2 將事物簡化

3 從小規模開始著手

4 以站上頂點為目標

機會導向

成功的創新具有保守的特質。創新並非風險導向,而是機會導向。請僅記杜拉克這兩句話,致力成為變革的領導者。

目標管理與杜拉克的經歷

第 031 節介紹的目標管理，是提高員工生產力的經典方法。但令人驚訝的是，杜拉克與目標管理的關係，竟然可以回溯到小學時代的經驗。

☞ 來自作業本的啟發

杜拉克在小學時代約莫八、九歲時，遇見一位名為愛莎的老師，她也是那所學校的校長。杜拉克向愛莎老師學到了，以作業本為工具的讀書方法。老師要求杜拉克，每個月準備一本作業本，每週都先寫下各個科目的目標，週末時記錄實際成果。接著，根據寫下的內容，每週找老師討論一次學習成果。

當時，愛莎老師並沒有要求杜拉克克服不擅長的科目，而是聚焦於指導他本來應該可以達成的目標，然後將指導內容作為下一週的目標，記錄在作業本上。這樣的過程，很顯然就是在實踐設定目標與自我管理的管理學概念，對杜拉克而言，這正是目標管理的原點。

☞ 從總編輯身上學到的工作方式

時間往後推，杜拉克在德國知名晚報《法蘭克福總指南》（*Frankfurter General-Anzeiger*）擔任編輯時，這份報紙發行量在法蘭克福名列前茅，由總編輯艾利克·唐姆勞斯基（Erich Dombrowski）領軍。他非常嚴厲，卻也相當熱心於指導下屬，他每週會跟下屬討論一次工作狀況，每半年還會和所有人面談，徹底檢討這段期間的工作：

① 半年內，執行成果優異的工作有哪些？

② 竭盡全力執行的工作有哪些？

③ 成效不佳或失敗的工作有哪些？

談完這些之後，他還會花費兩個小時左右思考，接著訂定下半年的目標。

① 應該聚焦的事物。

② 應該改善的事物。

③ 應該學習的事物。

這些要點，正是第 032 節介紹的回饋分析六提問。

跟波特學競爭策略

1980 年，麥可‧波特出版了《競爭策略》一書。這本著作將波特推上「世界著名經營學家」的位置，同時博得「策略理論聖經」之稱。波特的策略理論特徵為「策略性定位」。本篇將由這個重要的概念切入，開始介紹波特的理論全貌。

Michael

Porter

PART

2

050

波特的競爭策略理論關鍵：定位
Porter's Competitive Strategy

聽到「策略」一詞，多數人腦海中應該會先想到麥可·波特，因為他的著作《競爭策略》[1] 於 1980 年出版至今超過 30 年，仍舊享有「策略理論聖經」盛名。但是，策略理論並不是只有波特提過。加拿大知名經營學家亨利·明茲伯格（Henry Mintzberg）等人，加拿大知名經營學家明茲伯格等人，在《策略巡禮》中將當代策略理論分為 10 個學派，如圖解 6-1。[2] 本書礙於版面，無法詳細介紹所有學派，只是希望各位了解，波特的策略理論只是其中一支。不過，波特的策略理論依然不減其價值，還是擁有許多死忠支持者，因此一直占有堅定的一席之地。

波特的理論的特徵在於「定位」，所以明茲伯格將其歸類為「定位學派」。不過，波特提出的定位，和行銷領域所說的定位，是完全不同的概念，詳情將於第 108 節說明。舉例來說，廣大的競爭空間一般都稱為「業界」，隸屬其中的企業，會在這塊競爭空間中找到立足點，與其他企業展開競爭。

但是，業界裡又分為對競爭有利與不利的地點。波特的策略理論最重要的課題，就是探討如何找出最有利的地點安身立命。這一連串的行動，就稱為「策略性定位」。我們該怎麼找到有利的立足點？如何確保繼續占據這個有利的定位？這些問題的答案，只有波特的競爭策略理論能夠回答了。

圖解 6-1　策略理論的 10 個學派

編號	學派	說明
1	設計學派	建立策略時注重概念構想程序。
2	規劃學派	建立策略時注重型式制定程序。
3	定位學派	建立策略時注重分析程序。
4	創新學派	建立策略時注重創造視野的程序。
5	認知學派	建立策略時注重認知程序。
6	認知學派	建立策略時注重創新發明學習程序。
7	學習學派	建立策略時注重交涉程序。
8	文化學派	建立策略時注重聚集程序。
9	環境學派	建立策略時注重對環境的反應程序。
10	組合學派	建立策略時注重變革程序。

出處：《策略巡禮》。

> ☞ 策略理論的學派非常多，照明茲伯格的說法，波特隸屬「定位學派」。

051

三項基本策略

Three Generic Strategies

　　波特的競爭策略理論除了策略性定位，還有五項關鍵概念：① 三項基本策略；② 五力分析；③ 價值鏈；④ 策略適配；⑤ 鑽石理論。只要熟知前四項，就能獨力擬定競爭策略，了解第五項則可以更進一步，把策略提高至國家層級。這五項都和策略定位關係密切，本篇將依序解說，首先從「三項基本策略」開始。

　　波特的競爭策略理論中，「策略性定位」是基本中的基本，當然，企業採取的策略會根據立足點有所不同，有多少企業就有多少企業策略。不過，波特卻主張，企業採取的長期基本策略說到底只有三項，如同圖解 6-2。圖中縱軸是「策略目標」，劃分出「業界整體」和「特定領域」；橫軸則是「競爭優勢」，劃分出「獨特性受到顧客肯定」與「低成本地位」。

　　根據此圖，以「業界整體」為對象，將「低成本化」作為最大武器，就成了能掌握業界主導權的策略：① 成本領導策略。同樣以業界整體為對象，以獨特性受到顧客肯定為目標展開事業，即是：② 差異化策略。而針對特定地區或目標等，以特定區塊為對象（詳見第 113 節），採取任一種競爭優勢模式，就稱為：③ 目標集中策略。用長期的觀點看任何企業，都必須從這三項基本策略（策略性定位），選擇其中一種實行，正是波特理論抱持的基本立場。

圖解 6-2　三項基本策略

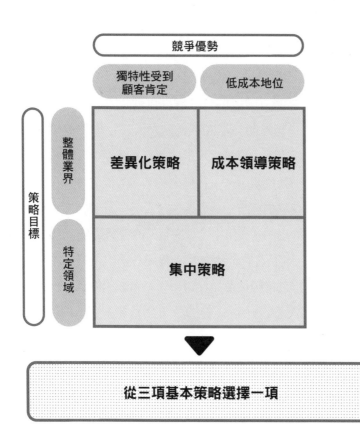

出處：《競爭策略》。

☞ 成本領導、差異化、目標集中是策略的基本，從中挑選其一，是所有企業肩負的課題。

052

成本領導策略，實現低成本體質
Overall Cost Leadership

　　成本領導策略是以業界最低成本，提供比同業還低價的產品或服務。但是，當我們提供與競爭者完全相同品質的產品，消費者會選相對便宜的一方，於是雙方很快就會陷入價格競爭。這時，什麼樣的企業能夠存活呢？當然是持續提供更低價格的企業，也就是比競爭對手更能實現低成本體質的企業。

　　價格競爭一旦持續下去，最極端的情況可能變成某項產品的製作費用（經濟學中稱為「邊際成本」）等同於售價，一旦調低價格則會出現虧損。經濟學中，這稱為「伯特蘭競爭」（Bertrand Competition）。[3] 不過，產品的製造費用必須視企業成本體質而定，低成本體質是指製造費用比競爭企業還低、產品價格低廉，競爭企業要是跟進就會虧損。因此，在價格競爭中能夠勝出的，一定是低成本體質企業，也就是成本領導型的企業。

　　不過，有一點必須注意，成本領導策略並不等同於低價策略。因為，只有降低成本才能成就低價。如果不具備低成本體質，卻冒然採取低價格策略，根本是自取滅亡。此外，即使具備低成本體質，也沒必要將產品低價售出，因應市場需求定價即可。要是時機配合得當，必能獲得豐厚的利益。想採取成本領導策略，還必須滿足圖解6-3提及的條件。解決必須面對的課題後，實現成本領導的策略，勢必能夠大幅提升企業的競爭力。

圖解 6-3　成本領導策略的條件

利用低成本體質，戰勝競爭企業！

低成本體質

必要的熟練度與資源

- 探詢長期投資與資金來源
- 熟悉工程技術
- 嚴密監督勞動力
- 設計製作簡單的產品
- 低成本流通系統

必要的組織理想狀態

- 嚴格控管成本
- 控制報告次數頻繁且詳盡
- 明確制定組織與責任
- 建立實現定量目標時的獎賞制度

出處：《競爭策略》

為了造就低價，不可或缺的條件是低成本體質。不具備低成本體質，卻採取低價策略，將會自取滅亡。

053

差異化策略，展現企業的獨特性

Differentiation

　　成本領導策略是相當強勢的競爭策略，但是要立於不敗之地的條件是：產品必須能夠完全被取代，也就是不管哪種都一樣。當所有競爭企業都提供能夠完全被取代的產品，成本領導策略就成了殺手鐧。但是，這個條件根本不可能實現，企業為了吸引顧客，一定會推出獨特的功能或設計。此時，就該提出異於競爭對手的獨特性策略：差異化策略，下列是幾項具代表性的方法。[4]

　　最典型的差異化策略，就是「產品差異化」，指的是在產品的形態、功能、設計、耐用度或技術等做出差異，也可以說是，致力於追求競爭同業做不到的最高品質。還有「工作人員差異化」，是徹底教育工作人員，培養與顧客之間的親密度（顧客親密度，Customer Intimacy）。順帶一提，工作人員與顧客接觸的瞬間，稱為「真實的瞬間」。有名的例子是北歐航空（Scandinavian Airlines, SAS）利用真實的瞬間，緊緊抓住顧客的心，成功與其他公司做出差異化，詳見第 136 節。

　　「通路差異化」也是能與敵對企業互別苗頭的重要因素。例如，只在高級食品店上架的食材，和在超市隨處可見的食材，明顯就做出了差異。此外，針對企業或品牌形象而生的「形象差異化」，也具有極佳的效果。特別是透過廣告露出，不僅可以宣傳產品的功能，還可以塑造形象。

圖解 6-4　差異化策略的條件

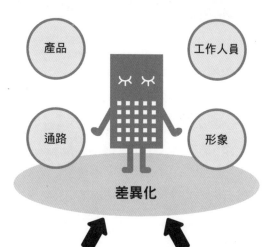

產品

工作人員

通路

形象

差異化

必要的熟練度與資源

- 強大的行銷能力
- 產品技術
- 創造性的直覺
- 基礎研究能力
- 擁有高品質或技術導向的評價
- 業內存續已久／經由其他事業經驗，開創出熟練且獨特的技術
- 擁有強力的通路支援

必要的組織理想狀態

- 研發、產品開發、優異的行銷調整能力
- 較不重視定量測量，由主觀測量即可獲得報酬
- 舒適的環境，吸引資深技師或科學家、創新工作者

出處：《競爭策略》。

 除了前述項目，差異化策略也可以結合各種獨特價值的活動，這一點極為重要，因此第 9 章將更徹底解說。

054

目標集中策略，區隔市場集中資源

Focus

　　「目標集中策略」是三項基本策略的最後一項，指的是將經營資源集中，投入特定領域或買方等，再採取成本領導或差異化策略，又或者是兩者兼施。不針對整體市場而是分割成具備共同特徵的數個小市場稱為「市場區隔」（Segmentation，詳見第113節），由此產生的小市場稱為「子市場」（Segment），從中選擇最適合自家公司的市場稱為「設定目標」（Targeting），選擇後鎖定的子市場則叫做「目標市場」。最後，就是把經營資源集中，投入這個特定的目標市場。

　　此時，針對區隔出來的目標市場，可以適用成本領導策略，或者是差異化策略，這就是典型目標集中的例子。不過，根據波特所言，極少數情況下，同時採用前述兩種策略，也並非不可能。這麼看來，目標集中策略的關鍵在於，該用什麼基準區隔市場，以及該選擇哪個目標市場。市場區隔常用的基準是，人口統計變數和地理性變數。前者是以年齡、性別、世代規模、所得和職業區隔市場。後者則如文字所述，是根據地區和都市細分市場。波特也舉出「買方選擇的框架」，敘述目標細分化的手法（詳見第068節）。進行市場區隔後，下一步就必須「設定目標」，從中選擇最適合自家公司的子市場。此時，最重要的標準就是，自家公司比競爭企業更擅長，更能滿足顧客需求的子市場。

圖解 6-5　市場區隔的標準與目標集中策略

市場區隔

❶ 人口統計（**Demographics**）變數
年齡、性別、世代規模、家庭生命週期、所得、職業

❷ 地理性變數
地區、都市、人口密度、氣候

❸ 心理統計（**Psychographics**）變數
生活型態、人格特質

❹ 行動上的變數
利用頻率、利潤、使用者狀態、使用比例、使用狀況、
忠誠度、購買認知階段、對產品的態度

❺ 產品、服務的屬性變數
產品、服務的品質、性能、尺寸、形式

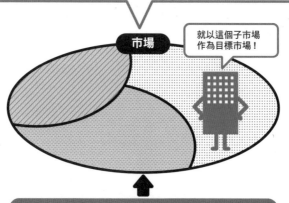

市場

就以這個子市場
作為目標市場！

必要的熟練度與資源／必要的組織理想狀態

將成本領導和差異化策略必備條件，
組合成適用特定目標。

 將市場細分化之後，重要的是，選擇比競爭企業更擅長，
更能滿足客戶需求的子市場。

055

策略的潛在風險
Risks of the Generic strategies

　　波特指出，業績不振的企業可能完全沒採用三項基本策略，或是採用後短期內又變更方針。但是，即使選擇其中一項策略，也不一定會成功。而且，這些策略各自都蘊藏著風險：

　　成本領導策略需要幾項企業能力（見第 052 節），這些能力歸零時就成了風險。例如，投資最新設備等必須承受極大的負擔。當企業無法承受投資，就無法再堅守成本領導策略。此外，技術的變化可能讓「經驗曲線」（見第 060 節）一夜成為泡影，競爭企業也有機會將成本壓得更低。

　　而差異化策略的最大風險在於，差異化不再具有差異。例如，顧客對差異感到厭倦，產品就不再具備差異性。而且，一旦模仿者相繼出現，差異也可能就此消失。由此可知，低成本或是過度擴張成本差異的企業，可能很危險。如果再加上差異不再有新鮮感，或是模仿者採取低價競爭策略，都會使得採取差異化策略的企業，一夕之間失去大片江山。

　　目標集中策略是集中經營資源，投入特定子市場，不過，如果目標市場規模過小或難以成長，就無法獲得足夠的收益。這代表，選擇子市場本身就蘊藏著莫大的風險。此外，以業界整體為對象的企業，可能出現成本差距愈顯突出的隱憂，而透過策略精選出的目標市場，如果需求與整體市場相同，反而會變成風險。

圖解 6-6　三項基本策略的風險隱憂

成本領導策略

- ▶ 無法繼續維持
  - ● 被競爭對手模仿
  - ● 技術變化
  - ● 失去其他成本領導優勢
- ▶ 差異化十分顯著
- ▶ 採用這項策略的其他公司，得以在子市場更進一步降低成本

差異化策略

- ▶ 無法繼續維持
  - ● 被競爭對手模仿
  - ● 對買方而言，已失去差異優勢
- ▶ 成本差距十分顯著
- ▶ 採用這項策略的其他公司，得以在子市場更進一步創造出差異

目標集中策略

- ▶ 遭到模仿
- ▶ 目標市場區隔失去結構性的魅力
  - ● 結構崩解
  - ● 需求不復存在
- ▶ 目標市場範圍較廣的競爭對手，踏入自家公司的子市場
  - ● 與其他子市場的差異愈來愈小
  - ● 產品項目愈多愈具優勢
- ▶ 採用這項策略的其他公司，將業界市場區隔更加細分化

出處：波特著作《競爭優勢》。[5]

 做出選擇的同時，也將出現風險，請務必謹記三項基本策略的風險隱憂。

056

競爭策略的本質就是差異化

Essence of Competitive Strategy

目前為止，我們已經討論過三項基本策略的本質，這些都出自波特 1980 年出版的著作《競爭策略》。[6] 在此之後，波特又針對三項基本策略，修改了若干想法。他在 1996 年發表文章〈策略是什麼？〉（What Is Strategy?）曾經這麼說：「**競爭策略的本質即是差異化。簡單來說，就是刻意選擇與競爭對手相異的一系列活動，提供獨特的價值。**」[7]

仔細思考，想展現自家產品與競爭企業有多大差異，低廉價格絕對是要因之一。成本領導策略，就是推動低價格策略的引擎。所以，成本領導策略也是差異化策略的一環，利用低成本體質實現低價格，結果所帶來的差異化，就是成本領導策略。此外，目標集中策略也是透過選擇特定子市場，最終形成差異化。因此，波特提出下列看法：「**『策略』就是透過與其他公司相異的活動，創造具有獨特性與價值的定位。**」[8]

那麼，這三項基本策略不就沒有意義了嗎？話不能這麼說。利用與其他公司不同的方法，獲得成本領導的優勢地位，必然能成為強勁的競爭力。另外，透過市場區隔找到目標市場，並且集中投入經營資源，是現代行銷策略基礎中的基礎。將各項策略視為具代表性的差異化手法，對於追求更有效率且獨特的定位，絕對是有必要的。

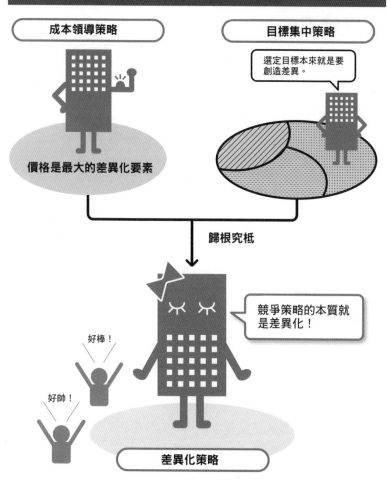

圖解 6-7　競爭策略的本質

成本領導策略

目標集中策略

選定目標本來就是要創造差異。

價格是最大的差異化要素

歸根究柢

競爭策略的本質就是差異化！

好棒！

好帥！

差異化策略

「策略」就是透過與其他公司相異的活動，創造具有獨特性與價值的定位。

057

建立競爭策略的框架
Framework

競爭策略的本質就是差異化，而「策略」就是透過與其他公司相異的活動，創造具有獨特性與價值的定位，也就是運用與其他公司不同的活動，打造兼具獨特性與價值的定位。波特為此提出「五力分析」：以五項競爭要因分析業界的競爭環境。[9]而為了常保競爭優勢的來源，打造與其他公司相異的活動，他又提出：價值鏈（Value Chain），透過企業活動的連鎖反應創造價值，並且依此建立普遍性的模式。[10]

運用五力分析創造策略性定位，再善用價值鏈不斷維持競爭優勢，就是波特的競爭策略理論的基本態度。然而，五力分析和價值鏈的分析對象不同。前者針對業界的競爭環境，也就是圍繞著自家公司的外部環境；後者則是針對能為企業創造價值的活動，屬於企業的內部環境。

波特在較早的經營策略理論中提到，分析外部環境與內部環境，是擬定策略的正統程序。[11]此時最重要的步驟就是 SWOT 分析，以「優勢」和「劣勢」分析企業的內部環境，再以「機會」和「威脅」分析包圍企業的外部環境。如此就能釐清主要的成功因素與自家公司的卓越競爭力，打造獨一無二的策略。波特雖然沒有特別提及 SWOT 分析，但是他的五力分析和價值鏈理論異曲同工，接下來，我們會更詳細解說這兩大框架。

圖解 6-8　建立競爭策略

分析對象	框架	目標
外部環境	五力分析	創造策略定位
內部環境	價值鏈	持續保有競爭優勢

建立競爭策略

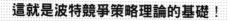

這就是波特競爭策略理論的基礎！

五力分析和價值鏈，是建立競爭策略的兩大框架。請務必要靈活運用

058

什麼是五力分析？

Five Basic Competitive Forces

《競爭策略》中，五力分析[1]是和三項基本策略齊名的理論。為了讓企業在競爭中占有優勢，關鍵是圍繞著企業的外部環境，其中，正確分析業界內競爭環境，更是不可或缺。業界內的狀況會大大影響企業的策略，同時左右競爭規則。

為了分析業界競爭環境，五力分析才就此誕生。五力分析如同其名，波特認為業界的競爭環境，如圖解 7-1 所示，取決於五項競爭要因。圖中五個方格代表競爭要因，中央是「現有競爭者」，其餘四個競爭要因則分屬四方。

此外，圖中四個方格，都有箭頭指向中間的「現有競爭者」，「現有競爭者」的方格中，也有一道箭頭圍成圓形。這些箭頭表示，由五項競爭要因產生的競爭壓力，而且壓力愈強，業內的競爭就愈激烈。波特還為每一道箭頭命名，如下所列：① 新進者帶來的威脅。② 業者間的敵對關係。③ 替代品或服務形成的威脅。④ 賣方（供應商）的議價能力。⑤ 買方（顧客）的議價能力。

假設我們處於「現有競爭者」這一格，就必須承受五項競爭要因帶來的壓力。舉例來說，這一格內的圓形箭頭，代表「業者間敵對關係」的競爭壓力。簡單來說，就是與競爭同業的敵對關係。敵對意識愈強，業內的競爭就愈激烈。其他要因也是同樣的道理。接下來，我們將詳細說明這五項競爭要因。

圖解 7-1 五力分析

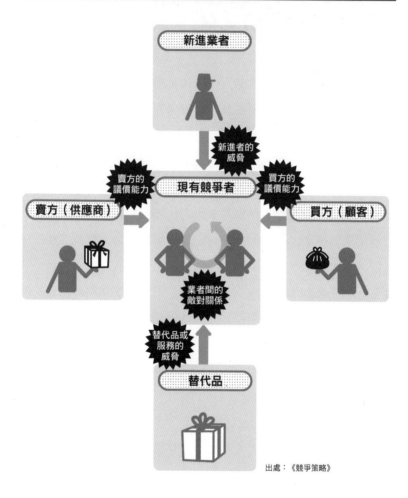

出處：《競爭策略》

☞ 五力分析是波特提出的競爭環境分析框架，也是波特競爭策略理論的關鍵概念。

059

新進業者帶來的威脅
Threat of Potential Entrants

有些業界很容易就能加入，但也有些業界並非如此。舉例來說，鋼鐵業的產品一向厚重長大，如果想成立一家新的鋼鐵公司加入業界，不管是誰都難以達成。但是，如果想在附近的商店街，開一家咖哩餐廳，門檻想必是比投入鋼鐵業低許多。

理所當然，跟新進業者少的狀況相比，新進業者愈多，業界競爭環境也愈發激烈。這種競爭壓力，來自五力分析提到的「新進者帶來的威脅」。那麼，要怎麼衡量這種威脅的程度大小呢？波特表示，大致上有兩個要素：「加入阻礙」與「原有業者的報復」。首先，加入阻礙的意思是，新進業者在加入業界時遇到的阻礙，如巨額投資。以鋼鐵公司為例，想加入這個業界，就必須投入巨額資本，所以有能力加入的企業也有限。而投入外食餐廳的投資，普通人也能夠負荷（不過還是需要不少資本），新進業者數就會比較多。由前述兩個例子可知，外食餐廳產業的新進者威脅比較大，所以造成業界的競爭環境激烈。除了巨額資金，波特還列舉了其他具體的加入阻礙，請見圖解 7-2。

不過別忘了，原有業者的報復，也是左右新進業者威脅的要素。例如，原有業者對新進業者表明，將以具有競爭力的價格接受挑戰，對方或許就會選擇退讓。這個例子中，具有競爭力的價格，正是原有業者的報復。

圖解 7-2　加入阻礙

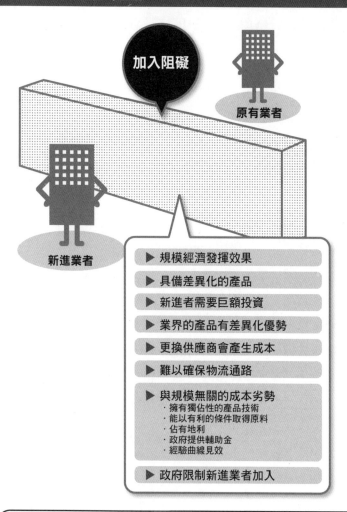

加入阻礙

原有業者

新進業者

▶ 規模經濟發揮效果

▶ 具備差異化的產品

▶ 新進者需要巨額投資

▶ 業界的產品有差異化優勢

▶ 更換供應商會產生成本

▶ 難以確保物流通路

▶ 與規模無關的成本劣勢
　　·擁有獨佔性的產品技術
　　·能以有利的條件取得原料
　　·佔有地利
　　·政府提供輔助金
　　·經驗曲線見效

▶ 政府限制新進業者加入

 加入阻礙愈大，新進者的威脅就會減弱。當然，如果條件相反，競爭壓力就愈強。

060

經驗是強力的加入阻礙

Experience Curve

　　圖解 7-2 解釋過，經驗曲線也是一種加入阻礙。經驗曲線是由世界知名顧問公司波士頓顧問集團創辦人布魯斯・韓德森（Bruce Doolin Henderson）提出。[2] 經驗曲線呈現的圖形，代表企業隨著產品製造等行動累積經驗後，可以降低單位成本。一般來說，產品的累積生產量達到原先的兩倍時，就能降低 20 ～ 30% 成本，這就是所謂的經驗曲線效果。

　　韓德森更進一步提出，經驗曲線與企業的市占率有關。市占率最大的企業，就是賣出最多產品的企業，累積生產量當然也比競爭同業還高，累積的產品製造經驗最多，經驗曲線效果最佳，很有可能實現業界最佳低成本體質。因此，如果致力於拿下最高市占率，最適合的策略即為成本領導策略。像這樣不允許其他追隨者接近，不斷累積經驗的企業，即使是新進業者，也不可能在成本方面與其抗衡。因 新進業者完全沒有經驗，成本上面臨的劣勢無可避免。經驗曲線就是如此運作，形成一道加入屏障。

　　不過，經驗曲線也可能無用武之地。舉例來說，當製造某項產品必須遵循特定做法時，經驗曲線便得以發揮作用。但是，如果新進業者導入過去未曾採用、效率更好的生產方式，那麼新方法的成效愈是新穎，既有企業的經驗就愈顯得無意義了。

圖解 7-3　經驗曲線

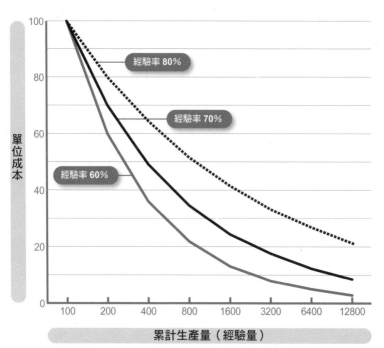

出處：水越豐《BCG 戰略思想》。

市占率最大的企業，擁有最高的經驗曲線效果。

上圖是將經驗率設定為 80%、70%、60%，繪製經驗曲線的變化，可以看出生產量倍增時，成本下降 20%、30%、40%。為了推動成本領導策略，就必須重視市占率。

061

加入阻礙與撤退阻礙矩陣
Entry Barriers and Exit Barriers

加入阻礙和原有業者的報復會形成新進業者的成本，左右他們帶來的威脅。如果預定營收支付成本後還有剩，經營者就可能選擇加入業界。預測預定營收的基準，是以業界的中心價格為依據。以開咖哩餐廳為例，如果一般咖哩一份480日圓，這就是業界的中心價格。新進業者用中心價格獲得的營收，減去加入阻礙和原有業者的報復等成本後，如果收益大於成本，新進者的威脅也就愈大，相反的話則是愈小。

中心價格相對高的業界，對新進業者而言充滿魅力，所以會蜂擁而至，導致中心價格下殺。所以，新進者威脅愈嚴重的業界，中心價格就愈受到抑制。波特把這種現象稱為「抑制加入價格」。[3] 這種市場對買方而言局勢極佳，所以主張廢除各項限制，促進市場競爭，不過詳情在此暫且不談。與加入阻礙相關的概念「撤退阻礙」，指的是結束經營時面臨的阻礙。撤退阻礙變大，將造成業者間競爭加劇。也就是說，想撤退卻無法全身而退的企業，會為了挽救營業額，孤注一擲祭出割喉價格。照這樣的邏輯思考就能得知，加入阻礙和撤退阻礙可用來分析業界競爭環境，詳見圖解7-4。「加入阻礙小／撤退阻礙大」的業界，新進業者眾多原有業者也不退讓，結果競爭自然愈發激烈；如果業界的「加入阻礙大／撤退阻礙小」，競爭壓力也就偏小。

圖解 7-4 加入阻礙／撤退阻礙矩陣

撤退阻礙　小　大

加入阻礙　小　大

回報較低但相對穩定

- 新進業者眾多，但撤退的業者相對也不少。
- 業界走勢穩定，但回報較低，缺乏魅力。

回報少風險也較高

- 景氣好的時候，新進業者也比較多。
- 景氣變差時，無法脫離業界收益率低迷的困境。

回報高同時又穩定

- 對於已經投入業界的企業而言，是最佳的環境。

回報高但風險也較高

- 加入業界時，必須準備高額成本，加入後很難離開市場，因此風險較大。
- 慎重的判斷力是不可或缺的條件。

出處：《競爭策略》。

 加入阻礙與撤退阻礙的矩陣，可以用來分析業界的競爭環境，請各位請試著利用這項矩陣工具，分析自家公司落在哪個象限。

062

業者間的敵對關係分析

Rivalry among Existing Firms

本節探討的是業者（競爭企業）之間的敵對關係程度，當然，競爭企業之間敵對關係愈強的業界競爭也就愈激烈。波特舉出八項因素，說明會加劇敵對關係的主要原因，請見圖解 7-5，不過在這裡只先探討其中幾項。

首先，「同業者的絕對數」指的是同業愈多競爭就愈激烈，如果多數同業的規模相當，自然會演變成互搶客戶。另一項原因「業界成長漸趨緩慢」表示進入成熟型市場。根據「產品生命週期理論」[4]，市場會循序踏入導入期、成長期、成熟期、衰退期。進入成熟期後，新顧客的數量將大幅減少，所以為了更進一步成長，除了努力獲得新顧客，還必須想辦法從競爭企業手中奪取顧客，於是業界敵對關係愈演愈烈。還有一個原因是「固定成本和庫存成本增加」，固定成本指的是無關營業額固定會產生的費用，例如土地、建物、租金和從業人員薪資等。固定成本愈高，損益平衡點[5]也會跟著攀升，想要獲利就得採取稍微冒險的經營策略。

此外，三項基本策略中的「差異化」，也是影響競爭關係的重要因素。如果每家企業提供的商品都很相似、可以互相取代，對買方而言，跟誰買都一樣。如此一來，各家業者之間必須互相搶奪顧客，競爭也會變得更激烈。

圖解 7-5　催化敵對關係的要因

1　同業數量眾多，或業界充斥規模相當的公司。

2　業界成長緩慢。

3　固定成本或庫存成本增高。

4　產品沒有差異，更換供應商也無法降低成本。

5　無法逐漸增加產能。

6　競爭業者各自具備不同的策略。

7　策略效果愈好，帶來的成果愈大。

8　撤退阻礙強大。

業者之間的敵對關係

有很多因素會加深競爭企業之間的敵對關係，請檢視自己身處的業界，有沒有本節提及的項目。

063

用「攻擊性」與「防禦力」分析競爭者
Competitors Analysis

分析競爭環境時，首先要著眼於競爭企業。因為他們的強項和動向，是決定競爭環境相當重要的因素。前文提及，五力分析包含決定競爭環境的五項要因，其中一項正是分析競爭企業，也就是敵對業者，所以重要性當然不可小覷。

波特也深知這一點，因此在著作《競爭策略》中，花了不少篇幅介紹做法。[6] 他在書中提出了「競爭業者分析框架」和「競爭業者反應側寫」，前者是以下列四項基準，分析競爭業者。

① **將來的目標**，意指競爭企業未來的目標。只要能明確掌握這項目標，自家公司就能採取行動，阻止對方達成目標。就算無法成功威脅到對方，也能避免無謂的鬥爭。② **假設**，是競爭企業對自家公司或其他同業的假設看法。③ **現在的策略**，如字面意思，指競爭企業現在採取的策略。④ **能力**，競爭企業的執行、研究能力等整體綜合實力。

透過這四項基準分析競爭企業後，就是記錄競爭業者的反應側寫。如此一來，便能掌握競爭業者的「攻擊力」和「防禦力」。實際做法的第一步，是以圖解 7-5 的四個問題，釐清競爭企業的攻擊動向。此時，我們同樣也要掌握競爭企業的防禦能力。波特表示，利用圖解 7-5 中的三個基準，就能理出頭緒。透過這些方法步驟整理分析後，自然不難預測競爭企業的行動。

圖解 7-6　製作競爭業者應對側寫檔案

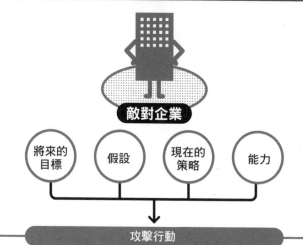

敵對企業

| 將來的
目標 | 假設 | 現在的
策略 | 能力 |

攻擊行動

1. 競爭業者是否滿意現在的地位。
2. 競爭業者今後的動向為何，又會採取何種策略。
3. 競爭業者的弱點何在。
4. 自家公司採取哪些行動，會讓競爭業者擴大報復行動。

防禦能力

1. 面對狀況時，競爭業者展現的弱點。
2. 狀況發生時，競爭業者能對抗到什麼程度。
3. 狀況發生時，競爭業者採取的對策，能有多大效果。

 整理上述問題的回答，就能側寫出競爭業者的應對狀態。
當然，面對不同的競爭企業，必須各別找出答案。

064

來自替代產品與服務的威脅

Treat of Substitutes

能夠取代業界主流產品的,稱為替代品。出現替代產品或替代服務的可能性愈高,代表業界的競爭愈激烈。而替代品大致分為兩種類型。首先是與過去業界主流產品的形態相異,但功能相同的產品或服務。舉例來說,以往音樂都是收錄於錄音帶,後來CD 問市,就可以說是形態相異、功能相同的產品。到了現代,則可以透過網路下載購買音樂。此外,最近還開始流行一種服務形式,只要支付特定金額,就可以在特定期間內,任意收聽所有音樂。[7] 前述產品與服務,都是新型態的替代品。

還有一種替代品型態,功能與形態各有所異,但目的相同的產品或服務。舉例來說,CD 播放器和行動電話,形態和功能完全不同。但是,若是從「消磨閒暇時間的娛樂工具」這個目的來看,這兩種產品都有可能很快就遭到取代。實際上,CD 銷量下滑的原因,正是年輕人不再聽音樂,轉而埋首滑手機。

從前述案例可以得知,意想不到的產品或服務也可能變成替代品,帶來難以預知的威脅,這才是最麻煩的。所以,為了盡早掌握替代品帶來的威脅,平常必須有所警覺,留意前述兩種類型。此外,也不可忽視圖解 7-7 提出的意外替代品。波特還舉出兩種性質的產品,並且列為最需要注意的替代品:① **CP 值優於既有產品**;② **高收益業界製造的衍生產品**。

圖解 7-7　注意替代產品與替代服務

容易察覺
的替代品

稍微不易察覺
的替代品

形態相異，
但功能相同

形態與功能相異，
但能達到相同目的

這種替代品
也得注意

● 「不消費」的替代品
● 會減少必要產品的使用量
● 中古品、可再利用品的產品、整新品也可
　滿足需求
● 買方自行整備產品功能（上游整合）

 如果因為健康因素而決定戒菸，那麼「不消費」就是香菸
的替代品。類似這種出乎意料的替代品，也要特別注意。

065

供應商的議價能力
Power of Suppliers

提供業界產品或服務的是賣方，也稱為供應商或供貨商。他們的議價能力愈強，企業只能在不利的條件下提供產品和服務。這是促使業界競爭加劇的主要原因。波特舉出許多要因，說明會增強賣方議價能力的因素，接下來將介紹其中幾項。首先，當賣方是業界少數的龍頭企業，這表示比起賣方的業界比起買方整合得更加密集。所以，買方不太能夠自由選擇供應商，賣方的議價能力便水漲船高，這種情況就稱為「賣方市場」。

此外，當供應商提供的產品對買方的事業極為重要，也會增加賣方的談判籌碼。或是當供應商的產品極度差異化，有些產品只能向特定供應商購買，賣方的態度當然會高高在上。還有，買方採用某家企業的產品和服務後，要更換供應商必定會產生成本，這也是賣方議價能力提高的要因。舉例來說，加入連鎖加盟體系後，如果想跳槽到另一個加盟體系，不只會產生成本而且過程繁瑣，所以加盟總部[8]與加盟主交涉時總是比較占便宜。

一般來說，在這些要因交互影響下，賣方的談判條件會愈有利。現在，我的周遭也有蠻橫的賣方，我想用圖解 7-8 列出的要因檢視，為什麼這些公司的談判能力這麼強。

圖解 7-8　賣方議價能力強勢的要因

比起買方業界，賣方業界整合得較密集。

賣方不需要和其他替代品競爭。

買方對賣方來說，並不是特別重要的客戶。

賣方的產品對買方而言，是非常重要的原物料。

賣方的產品有差異化的特質，
改用其他產品會增加成本。

賣方有意出面積極推動下游整合。

態度強勢的賣方，絕對具備至少一項上述要因，務必善加
分析研究。

066

削弱賣方議價能力的採購策略
Purchasing Strategy

前一節說明增強賣方議價能力的要因。那麼如何提高買方的談判籌碼呢？波特提出「理想的採購策略」，面對賣方若想占有優勢，最經典的方法就是與多家供應商合作。如果只跟單一供應商進貨，自然無法削弱對方的議價能力。多找幾家供應商不只可以迴避前述情況，還可以反過來促成賣方相互競爭，從中得利。

多找幾家供貨商的策略，還能協助弱小的供應商強化企業體質，催化與強勢供應商之間競爭，方便買方坐收漁翁之利。追本溯源，賣方可以擺出高姿態，主要原因之一在於，他們總是比買方團結。既然如此，買方也可以組成同業團體（自我整合），共同向賣方交涉。網路上就有些團購服務網站，可以整合四散的顧客，這就是針對賣方提升交涉優勢的案例之一。

此外，前一節曾提及，變更供應商將產生成本的狀況，會讓賣方占有優勢。因此，此時必須思考該採用什麼對策，才能省下這筆成本。還有，採購的產品具有差異化特質，也是會增強賣方議價能力。針對這種情況，就得建立採購產品的標準化流程。

另外一種有效策略，就是放出風聲，表明將整合上游廠商。上游整合指的是，整合供應鏈[9]（詳見第129節）中的上游角色。一旦買方消失，供應商將倍感威脅，自然無法再擺出高態度。而且，這項策略有可能真的順水推舟，就此完成上游整合。

圖解 7-9　削弱賣方議價能力的要因

尋求多家供應商，促使賣方互相競爭。

協助弱小供應商強化企業體質，
與強勢供應商互相競爭。

買方組成同業團體，共同與賣方談判。

消除更換供應商產生的成本。

建立採購產品的標準化流程。

放出風聲表明將整合上游。

 削弱賣方議價能力的策略繁多。如果愈到強勢的賣方，可
以試著使用上述策略應對。

067

顧客的議價能力
Power of Buyers

　　杜拉克曾說，企業的唯一目的是「創造客戶」。但是，買方（顧客）的議價能力愈強生意愈難做，這就是所謂的「買方市場」。當買方比賣方整合得更密集，賣方比買方更少時，愈有可能形成買方市場，讓買方在談判上愈發占有優勢。此外，如果賣方的總交易量中，特定買方的交易量占比相當大，也會形成買方市場。假設有個超級大客戶占據某家供應商的營業額達七、八成，那麼這家供應商自然在買方面前抬不起頭。

　　還有一種情況是，買方向賣方購入的產品，在買方成本或總採購物品中占據極高比例。以買房自住為例，這筆費用占據一生可用金額的很大一部分，買方應該會想盡可能買得更划算，至少不要後悔，因此，與賣方交涉時態度就會相當強硬。還有，如果買方更換供應商必須付出成本，賣方在談判上就占有優勢。這種因果關係，也能套用在業界和買方之間，只不過狀況完全相反。這裡所說的業界，以買方的角度來看指的是賣方，也就是供應商，買方更換賣方如果不需花費成本，就很容易付諸行動。

　　此外，買方收集資訊的能力也會左右議價能力。當買方對商品資訊瞭若指掌，跟賣方議價時自然較有優勢。促成這項能力的原因，就是網際網路的發展，讓產品的售價和評價瞬間即可取得。這對提升買方議價能力，的確發揮了極大的效果。

圖解 7-10　增強買方議價能力的要因

買方經過密集整合，占總交易量比例極高。

買方成本或購入物品，占總數比例極高。

買方更換賣方（供應商）的成本低廉。

買方收益不如想像高。

買方有意推動上游整合。

賣方產品對於買方的產品服務品質，
幾乎沒有影響。

買方握有十分充足的資訊。

議價能力 UP

產品

賣方

 提升買方議價能力的要因繁多，各位可以觀察所處業界的
買方，是否具備上述要因。

068

以四項分析選擇買方
Buyer Selection

　　如同買方選擇賣方，賣方也必須慎選買方，才能從中找出對自家公司收益最有貢獻的目標，選對了，收益就能因此水漲船高。所以，首先必須先找出目標顧客，這就是所謂的「市場區隔」和「設定目標」（見第 054 節）。實施市場區隔最重要的一點，就是該用什麼標準分類顧客。波特建議善用「選擇買方的框架」，分析下列四個項目。[10]

　　第一項，分析買方的採購需求，以及自家公司的能力能否滿足對方，藉此找出可成為老主顧的買方。但是，這些公司會成為老主顧，只是因為我們比較能「滿足」他們的需求。因此，能否找出顧客需求非常重要。此時，可以利用「客戶體驗循環」的流程作為分析工具（見圖解 7-11），檢討自家公司的能力，是否比其他公司更能因應顧客開出的條件。

　　第二項是買方的成長力。具有成長力的買方對賣方而言，絕對是有利的顧客。第三項是分析買方的地位，意思是買方原有的議價能力或交涉時的習慣。例如，總是很囉唆、對價格極為敏感、對賣方是否有品牌忠誠度等，都值得分析。最後是考量與買方交易的成本。依據買方不同，有時簽約前必須多次提供估價單，也有些買方可能商談一次就簽約。這些情況都會影響交易成本，所以建議每一家買方都要分析。當然，交易成本愈低愈好。

圖解 7-11　選擇買方的框架

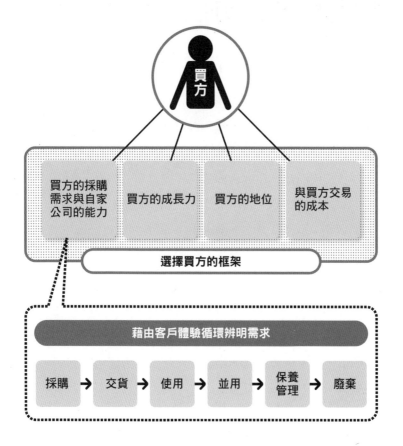

| 買方的採購需求與自家公司的能力 | 買方的成長力 | 買方的地位 | 與買方交易的成本 |

選擇買方的框架

藉由客戶體驗循環辨明需求

採購 → 交貨 → 使用 → 並用 → 保養管理 → 廢棄

以上四個觀點，可用來評價買方。此外，請務必理解，使用產品時的客戶體驗循環的階段過程中，都可能隱藏著客戶需求。

069

個人電腦產業五力分析
PC Industry

這一節，我們要利用五力分析，分析自家公司的產業。我會提出兩則實例，介紹如何善用五力分析，分析競爭環境。首先是大家都很熟悉的個人電腦產業，競爭環境概況請見圖解 7-12。

先談新進業者帶來的威脅。個人電腦的內部構造已經模組化，就技術面而言，只要備齊零件，誰都可以組裝，因此，要加入這個業界相對容易。規模大小不一、企業數量眾多，也是這個產業的特徵。此外，零件的規格統一，各廠牌難以做出差異，[11]導致價格競爭激烈，業者之間的敵對關係非常嚴重。

手機曾經是最能替代個人電腦的產品，如今地位已經由智慧型手機取代，連平板電腦也被視為傳統電腦的替代品。受到這些影響，個人電腦的銷售持續低迷，產業也飽受替代品威脅。此外，CPU（中央處理器）相當於個人電腦的大腦，它的市場龍頭是英特爾公司，而個人電腦的 OS（系統程式）市場，則是由微軟獨領風騷。這兩家賣方企業整合密集，提供許多差異化的產品，促進產業競爭愈發激烈。

這個產業的買方有兩類，一是通路，另一類是終端使用者。像大型家電量販店這種通路，議價時自然有其優勢；終端使用者又有豐富的電腦知識，議價能力也強。像這樣透過五力分析整理後，應該不難看出，個人電腦業界的競爭有多激烈。

圖解 7-12　透過五力分析觀察個人電腦產業

新進業者
- 規格已模組化，只要備齊零件，任何人都能組裝。
- 新業者較容易加入業界。

賣方
- 英特爾和微軟因應業界需求，推出差異化產品。

競爭業者
- 國內外有多種不同企業。
- 難以執行差異化策略。

買方
- 大型量販店具有強勢議價能力。
- 終端使用者擁有豐富知識。

替代品
- 行動電話和智慧型手機愈來愈普及。
- 平板電腦的發展，打擊個人電腦銷量。

 利用五力分析，就能妥當整理出業界的競爭環境狀況。從分析結果可以得知，個人電腦業界的競爭環境有多激烈。

070

行動通訊產業五力分析
Mobile Carrier Industry

本節要分析的是行動通訊產業（電信業）。先看新進業者的威脅，這個產業是牌照制，可使用的電波頻段有限，必須由政府分配給民營企業。此外，加入產業初期必須投入龐大資金，原有業者又擁有經驗曲線優勢。所以，產業特徵之一就是新進業者非常難加入，日本政府才希望透過 MVNO（虛擬電信商）[12] 機制，鼓勵新進業者加入，促進產業競爭。

電信業另一項特徵就是業者少、競爭壓力高，但業者之間差異極小，對買方而言，更換業者沒有多大改變，導致業者間敵對關係加劇。從通話功能方面來看，免費通話服務抬頭帶來顯著的影響，成了與傳統通話服務競爭的替代品，產業中最有力的賣方則是裝置製造商。電信業者以往會拿著自家的設計，委託製造商生產行動裝置；但現在 iPhone 受歡迎的程度猛烈動搖產業的結構，導致行動裝置製造商對市場的影響力愈來愈明顯。

不過，電信業者之間比買方整合得更密集，因此買方議價能力屈居弱勢。然而，電信業者之間幾乎沒有差異化，現在透過MNP（門號可攜服務）[13]，更換業者也比過去容易，自然造成競爭白熱化。 總而言之，電信業界的特徵就是限制多，導致新進業者數量稀少，因此面對供應商時談判優勢非常大。這就像是讓業者在小小的水杯中短兵相接。

圖解 7-13　透過五力分析觀察電信業

新進業者

- 必須取得執照，因此加入阻礙極高。
- **MVNO** 政策能促進新進業者加入。

賣方

- 裝置製造商並未密集整合。
- 電信業者採用獨賣制度，控制裝置製造商。

競爭業者

- 競爭業者絕對數極為稀少。
- 難以差異化也是競爭激烈的要因。

買方

- 買方並未密集整合。
- 賣方密集整合，市場對買方不利。

替代品

- 可透過網路撥打的免費通話服務抬頭。
- 市區無線網路服務，也會造成威脅。

透過五力分析可以了解到，電信業的競爭壓力相對和緩，不過受限於執照規範，新進業者數量極少，面對賣方時態度強硬，成為此產業最大的特徵。

071

分析自身所處的競爭環境

Analyse Myself by 5Fs

五力分析如果不當作工具使用就沒有意義,因此,我們可以試著利用這項工具,分析自己身處的競爭環境。請見下列解讀:

首先,從競爭業者開始探討。如圖解 7-14,正中央的方塊代表所屬公司,也就是我們所處的內部環境,所以競爭對手就是其他員工,例如同事、部屬或者上司。以此為前提,進一步分析公司內競爭對手的敵對關係。接著討論新進業者,也就是剛進公司的新進或跳槽空降的員工。公司是否每年都會雇用大量畢業生?是否開放跳槽或空降的職缺?這些因素都會影響新進業者帶來的威脅。美國前副總統艾爾・高爾(Al Gore)[14] 的講稿撰稿人丹尼爾・平克(Daniel Pink)指出,當前的白領階級都會面臨「代辦」危機。[15] 意思是能力過低的人,很可能被外包業者或是電腦取代。簡單來說,外包業者和電腦化,正是所有工作者的替代產品或服務。此外,以中長期的眼光來看,AI 也很有可能成為替代品。

下一項是賣方,在這裡指的是共事的合作廠商員工。請問各位與他們交涉時是占有優勢,還是相反呢?最後要探討買方,可以想成公司的顧客。與他們談判時,自己是居於上風或下風?有沒有方法可以增加談判籌碼?仔細思考這五項要因,釐清定位,就能自然知道下一步該怎麼走。詳情將於下一節說明。

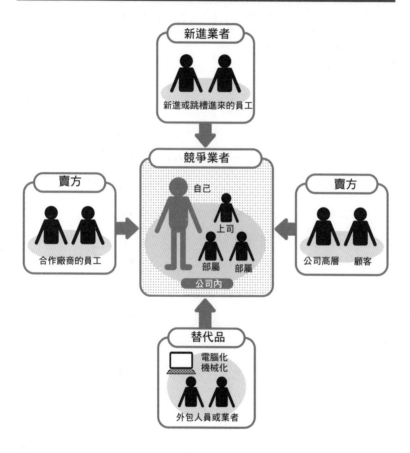

圖解 7-14 透過五力分析釐清自身定位

新進業者
新進或跳槽進來的員工

競爭業者
自己
上司
部屬 部屬
公司內

賣方
合作廠商的員工

賣方
公司高層　顧客

替代品
電腦化
機械化
外包人員或業者

 如本節所述，五力分析也能夠用來釐清自身所處的競爭環境。建議各位，現在就可以試試看。

072

利用五力分析建立策略

Construction of Competitive Strategy

前文已介紹，利用五力分析整理競爭環境。接下來的問題，就是如何從分析結果導出策略。對於自家企業或我們自己而言，競爭環境屬於外部環境，目前為止說明過的項目，都有助於熟悉外部環境。而波特表示，根據經驗和獲得的資訊擬訂策略，就是所謂的「競爭策略」。企業若想成長（或是生存也一樣），關鍵在於市場定位。無論業界原有企業，或將來的新進業者，都必須必須做好準備，迎接競爭企業的攻擊，以及面對買方、供給業者與替代品的各方侵略時，也得取得強勢的市場定位。[16]

總之，要透過五力分析獲得最佳策略，必須爭取對自家公司而言，五項競爭要因的最有利定位，也就是找出業界中，競爭要因壓力較弱的領域，就此占地為王，這就是探索戰略地位的過程。五項競爭要因中，第一項最值得關注，因為這是定義業界競爭環境的關鍵。找到克服這項要因的定位，並且穩住腳步，也很重要。此外，企業也可以活用優勢，在業界打造獨有的一席之地，由此切入市場。改變競爭要因的平衡點，率先應對變化。

再以電信業界為例，以往的智慧型手機都有鎖 SIM 卡[17]，限制使用的電信業者門號，但現在已經可以解鎖。這樣消費者可以依照喜好，選擇智慧型手機與電信業者。由此可知，SIM 卡解鎖制度，正是試圖打破電信業競爭要因平衡的制度。

圖解 7-15　利用五力分析擬定策略

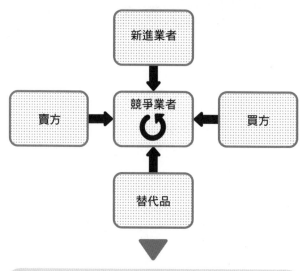

1　朝向競爭壓力最弱的位置移動。

2　朝向能迴避競爭第一要因的位置移動。

3　建立可活用優勢的獨特定位。

4　改變競爭要因的平衡點。

5　率先應對變化。

 善用五力分析，找到最適合自家公司的位置，再由此切入市場。這正是所謂的戰略定位。

073

五力分析結合三項基本策略

5Fs and Three Generic Strategies

　　前一節討論利用五力分析擬定策略，那麼，擬定出來的策略，與三項基本策略有什麼關係呢？成本領導、差異化、目標集中這三項策略，一直被視為競爭策略的基礎。採取這些策略，就能針對五項競爭壓力，打造有利的定位。我們可以從成本領導策略與五項競爭要因之間的關係觀察。

　　首先，面對新進業者帶來的威脅，低成本體質這項加入阻礙，能夠有效發揮牽制作用，還能培養實力，承受其他競爭企業發動的攻擊。比起同業，也更能站在有利的立場去應付替代品。低成本體質還有其他優勢，例如，比較容易應付供應商漲價的攻勢，買方發動議價攻勢時，也更能承受衝擊。因此，推動成本領導策略，就能分別為五項競爭要因，找出有利的定位。

　　接著談差異化策略。差異化的產品和服務，是新進業者難以模仿的，因此能成為強大的加入阻礙。此外，差異化的產品，較容易迴避競爭企業的攻擊，就算出現替代產品或服務，也會比同業更具競爭優勢。成功推動差異化，就能設定利益較高的定價。藉此獲得高獲利後，可以此為籌碼，避免供應商的施壓。而且，差異化的產品獨特，買方的議價能力自然降低。

　　最後，目標集中策略的重點是先做好市場區隔，再推動成本領導或差異化策略，便能獲得前述優勢。

圖解 7-16　三項基本策略的優勢

基本策略	配合五力分析的優勢

整體業界

成本領導策略
- 即使出現強力的競爭要因，也能確保收益，並迴避同業的攻勢。
- 強力的買方發動議價攻勢，也有辦法對抗。
- 面對強力的供應商，也能藉由升升生產力等方法，與之抗衡。
- 可利用規模經濟，阻止新進業者加入。
- 面對替代品時，可保有相較同業更有利的立場。

差異化策略
- 可利用特異性對抗同業。
- 特異性無法從其他同業購得，降低買方議價能力。
- 藉由差異化帶來的高利潤，可對抗供應商的施壓。
- 利用特異性，提高新進業者加入的阻礙。
- 面對替代品，可立於較同業有利的立場。

特定市場區隔

目標集中策略

低成本
配合特定市場區隔，實施上述成本領導策略，亦可獲得同等優勢。

差異化
配合特定市場區隔後，同時實施上述差異化策略，亦可獲得同等優勢。

> **三項基本策略與五項競爭要因配合，
> 可創造出不同的優勢。**

 三項基本策略搭配五項競爭要因，可創造出不同的優勢，所以才稱為「基本策略」。

074

企業創造價值的基本模型

Value Chain

所有企業都在創造價值提供給顧客。波特定義的價值是「買方獲得公司提供的商品時，願意支付的金額」。[1] 企業必須透過設計產品、採購零件、製造、行銷、送到通路販賣並且提供各種服務等，從一連串流程的個別活動創造價值。此時要注意，這些活動是否比競爭企業更能占據有利的成本地位，並且建立產品的差異化。在這些活動的某個環節或各活動的相互關係之間，應該藏有企業優勢的根源，進行分析就能明白企業占據競爭優勢的原因；透過調整、重組這些活動與相互關係，也能讓自家企業更占上風；如果以較低成本創造價值，應該也能獲取競爭優勢。

世界上有多少企業就會衍生出多少種企業型態，但是，想創造價值還是有基本模式。只要利用這套模式，分析自家公司和競爭企業，就能掌握彼此的相對優勢與劣勢。波特把這套模式稱為價值鏈（Value Chain），詳見圖解 8-1。如圖所示，價值鏈是長條的奇妙五角形，右方形成箭頭狀標示創造價值的流程方向。五角形由兩個主要的大活動組成，下半部是主要活動，上半部則是支援活動。主要活動指創造產品，送至顧客手中的一連串過程；支援活動是指整體公司支援主要活動而發揮的功能。接著，針對兩大活動的結果設定利潤（五角形右側），提供附加價值。此外，這兩大活動又能分解為九項活動，下一節將一一解說。

166

圖解 8-1　價值鏈

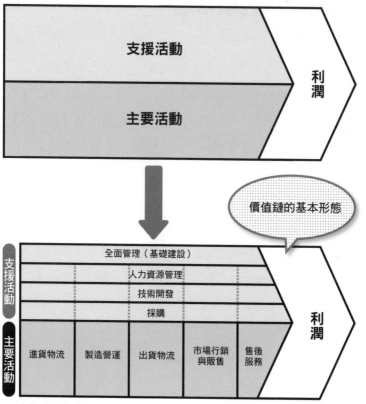

出處：波特《競爭優勢》。

 價值鏈由主要活動和支援活動組成，順著箭頭可創造價值，想像成附加利潤的流程即可。

075

創造價值的九項活動

Elements of Value Chain

價值鏈中的主要和支援活動，是由幾項活動細分而成。首先，主要活動是由下列五項活動構成：[2] **① 進貨物流**：指從外部取得原物料，入庫保管與分配等。可想成企業購買原物料到製成產品的階段。**② 製造營運**：也就是利用原物料製作出最後的產品。此活動包含數項要因，如生產設備、操作技術和保養設備的工作等。**③ 出貨物流**：意指將完成的產品交至買方手中，包括產品包裝、保管、運送與訂單處理等。**④ 市場行銷與販售**：意指提供產品給客戶的同時，讓客戶想再次購買的一切巧思。像是廣告或透過Salesforce進行營銷管理，都是此項活動的主要工作。**⑤ 售後服務**：就是安裝工程、修理和處理客訴等，能夠提昇或維持產品價值的工作。

支援活動則由下列四項活動組成：**① 全面管理（基礎建設）**：撐起整體價值鏈的活動，包括總公司的經營、企劃、財務、會計、法務等。**② 人力資源管理**：意指召募員工、雇用、教育和支付薪資等。**③ 技術開發**：分成兩個方面，一是提昇產品品質，另一方面則是增加產能。**④ 採購**：此處意指購買為了運作價值鏈所需的物品。此外，請注意圖解8-1中虛線的位置，支援活動②～④項皆有虛線區隔，代表它們分別支援各項主要活動。全面管理則並無虛線，表示並未單獨支援主要活動。

圖解 8-2　構成價值鏈的 9 項活動

支援活動	全面管理	總公司經營、企劃、財務、會計、法務等。
	人力資源管理	員工召募、雇用、教育和支付薪資等。
	技術開發	提昇產品品質、增進產能。
	採購	購入原物料、燃料或消耗品等。

利潤

主要活動	進貨物流	製造營運	出貨物流	市場行銷與販售	售後服務
	取得原物料，入庫保管與分配等。	利用原物料製作出最後的產品。	將完成的產品交至買方手中。	提供產品給客戶同時，讓客戶想再次購買的一切工作。	安裝工程、修理和處理客訴等，提昇或維持產品價值的工作。

 價值鏈由九項不同活動構成，經由連鎖的活動創造附加價值。

076

建立公司的價值鏈
Value Activities of Company

　　記住價值鏈的基本形態後，下一步就是找出自家公司的價值鏈。前兩節提及價值鏈的基本形態，請以此為基礎，設定對公司最有利的專屬活動。進貨物流和製造營運等，構成價值鏈的九項主要活動和支援活動，由此還必須細分出波特所謂的「價值活動」。不同公司企業衍生出的價值活動千差萬別，下一頁的價值鏈圖表是以出版社為例，分析產業中常見的價值活動。

　　列舉自家公司的價值活動時，首先面臨的問題就是該將活動細分到什麼程度。例如，廣告部門與銷售團隊進行的營業活動，遵循完全不同的經濟法則，雖然都屬於市場行銷與販售的範疇，還是應該細分為不同的價值活動。此外，由於差異化而造成極大影響的活動，也該視為獨立的價值活動。波特指出，如果活動區分得愈詳細愈有助於競爭，就應該盡量去做。而且，占總成本比例愈高的價值活動，更應該獨立出來。

　　仔細審視整理過的公司價值鏈，會發現每項價值活動都能創造出價值，不過單獨執行卻無法發揮作用。因為價值活動之間互有連結，必須相互依存才能成為有效的系統。謹記這些原則，將個別的價值活動與連結關係調整至最佳狀態，找出價值鏈的最佳組合，就能實施三項基本策略中的成本領導策略和差異化策略。下一節將繼續討論。

圖解 8-3　以出版社的價值鏈為例

	進貨物流	製造營運	出貨物流	市場行銷與販售	售後服務
全面管理	● 高層管理支援行銷活動　● 營運資訊系統				
人力資源管理		● 徵才、培訓　● 管理著作權		● 徵才、培訓	● 徵才、培訓
技術開發	● 作者資料	● 電腦排版　● 裝訂成書	● 資料庫系統	● 庫存管理系統　● 行銷管理系統	● 客服準則手冊
採購		● 原料　● 能源		● 廣告媒體　● 宣傳素材	● 宣傳素材
	● 取材　● 企劃　● 與作者交涉　● 與美編設計、插畫家交涉　● 簽約	● 編輯　● 設計　● 插畫　● 印刷　● 裝訂成書　● 電子化	● 處理訂單　● 配送	● 報紙廣告　● 雜誌廣告　● 網路廣告　● 宣傳　● 促銷　● 銷售團隊	● 書店通路協商　● 店面庫存管理　● 店面廣告（POP）　● 讀者服務

利潤

整理過後的出版社價值鏈中，可以發現透過連結各種價值活動，進而創造價值的過程。

077

創造成本優勢的兩大方針
Creating Cost Advantage

　　為了推動成本領導策略，培養低成本體質是不可或缺的策略，所以首要工作就是掌握現況。第一步，先遵循第 076 節的方法，找出構成自家公司價值鏈的各種價值活動，再分配運用成本與資產給各項活動。會產生成本的價值活動，應該以金額為基準計算成本規模；使用資產的活動，則必須標示出資產內容和使用狀況。這兩項都只要計算推測值即可。

　　明白現況後，必須針對實現成本優勢[3] 來研擬策略，此時最重要的就是理解成本動因（cost drivers），也就是構成個別價值活動成本機制[4] 的重要因素。成本可能是由複數的成本動因組合而成，所以必須針對個別價值活動，找出成本動因的組合形式（詳見第 078 節）。掌握成本動因後，就要更進一步遵循兩個方針，擬訂創造成本優勢的策略：① **控制成本動因**（第 079 節），思考在有效管理成本動因後，怎麼讓相同的價值活動，帶來更大的效果。② **導入全新的價值活動**，以及改組價值活動的連結關係，也就是重建價值鏈（第 080 節）。有效推動這項方針，將可創造出形成低成本體質的強力推進要因。

　　當然，無論是哪一項方針，調整後或重建後的價值鏈，都必須具備持續性，不會輕易被競爭企業模仿，就能獲得持續性的競爭優勢。

圖解 8-4 創造成本優勢的過程

 找出合適的價值鏈，分配成本與資產

 找出價值活動的成本動因

③ 競爭業者的價值鏈標準化

 控制成本動因或重建價值鏈

 保持差異化並致力降低成本

⑥ 測試成本優勢的持續性

出處：《競爭優勢》。

 以成本動因為基準分析價值鏈上的個別價值活動。

078

了解產生成本的機制：成本動因
Cost Drivers

創造成本優勢過程中，可能有幾點難以理解，例如成本動因。這是產生成本的機制，也是決定成本習性（cost behavior）的重要因素，所以找出個別價值活動的成本動因很重要。波特提出十種成本動因，見圖解 8-5，但這裡只說明「規模經濟」[5] 的意義。規模經濟是指透過大量製造產品，降低每單位所需成本，與經驗曲線（見第 060 節）密切相關。舉例來說，同一台設備，每個月可以製造 1,000 個還是 10,000 個產品，每一個產品的裝置成本就不同，前者為千分之一，後者顯然每單位成本較低，只有萬分之一，這就是規模經濟。

規模經濟對個別的價值活動，將帶來什麼樣的影響呢？第七章談到五力分析時，我們已經看過提升賣方與買方談判優勢的重要因素。其中，如果買方的交易量占賣方總交易量的大部分，買方的談判優勢較高。所以，向供給業者下訂數量愈多的企業，談判優勢自然比較強，大量購買產品時，肯定可以向供給業者取得更加有利的條件。因此，規模經濟對於採購這項價值活動的影響，就成為壓低成本的要因。

依此類推，就能解釋個別價值活動與成本動因的關係。如果依此分析競爭企業的價值鏈，就能得知它的相對成本地位。

圖解 8-5　十種成本動因

```
┌──────────────────────────────┐
│          成本動因              │
│    決定個別價值活動成本習性的要因    │
└──────────────────────────────┘
```

①	規模經濟或非規模經濟。
②	熟練與傳播。
③	利用產能的類型（有效活用資產）。
④	內外價值活動與連結關係。
⑤	其他事業單位的相互關係。
⑥	上游整合或下游整合的程度。
⑦	實施價值活動的時機。
⑧	與其他動因無關的獨立原則。
⑨	布局。
⑩	制度要因。

 針對個別價值活動，分析這十項成本動因，並找出成本習性。

079

控制成本動因
Control of Cost Drivers

了解個別價值活動成本動因，並且比較分析過與敵對企業相對的成本地位後，下一步就是展開創造成本優勢的活動。以下兩項是必備的條件（第077節）：① 控制成本動因；② 重建價值鏈。首先，先討論前者。

控制成本動因的首要工作，就是關注占總成本比例較大的價值活動，進而將這項活動的成本動因調整至有利的情況。針對先前介紹過的十種成本動因（第078節），波特都有列舉出管理要點，詳見下頁圖表條列式要點。

延續上一節主題，本節也繼續解說規模經濟。波特認為，控制規模經濟的要點為以下四項：[6] ① 維持適當的規模類型；② 面對較容易受規模影響的活動，建立強化規模經濟原則；③ 針對有利於公司的領域，探索其中的規模經濟；④ 易受規模經濟影響，且讓公司擁有優勢的價值活動，是必須關注的重點。

舉例來說，① 指的是必須記住擴大規模的各種類型。若是企業能在既有的銷售區域增加銷售量，隨之而來的規模經濟就會成為降低成本的原動力。不過，擴張銷售區域之際若投入Salesforce 服務，將導致物流與人事成本增加。

規模經濟帶來的利益一旦低於投入成本，可說沒有任何好處，這就是①要說明的情況。

圖解 8-6　控制成本動因的要點

① 利用規模來控制
- 維持適當的規模類型。
- 建立維持規模經濟的原則。
- 針對有利於公司的領域探索規模經濟。
- 易受規模經濟影響，且能讓公司處於優勢的價值活動，是必須關注的重點。

② 利用熟練度來控制
- 設定提升熟練度的相關目標。
- 維持熟練度的獨特性。
- 利用上游整合掌握技術。
- 以熟練度做為留住員工的核心準則。

③ 利用產能的效果來控制
- 維持產量穩定。
- 減少產量變動帶來的損失。

④ 利用連結關係來控制
- 探索價值鏈內部的成本連結。
- 與供給業者或通路一起行動。

⑤ 利用相互關係來控制
- 一起行動。
- 沿用類似活動習得的技術。

⑥ 利用整合來控制
- 預先調查整合與放棄整合的可行性。

⑦ 利用時機來控制
- 探索先行企業或後繼企業的優勢。
- 集中於景氣變動有利的時期購買。

⑧ 利用原則來控制
- 改善對差異化無益的成本原則。
- 投資能夠改變成本動因、讓自家公司獲利的技術。
- 推動低成本生產工序、自動化、規格化。。。

⑨ 利用布局來控制
- 設定最佳布局條件。

⑩ 利用制度要因來控制
- 不以制度要因做為條件。

出處：《競爭優勢》。

 以上是控制各項成本動因的要點，此外還可列為清單加以善用。

080

重建價值鏈
Reconstructing Value Chain

　　若想取得成本優勢，除了控制成本動因之外，還必須考慮到重建價值鏈。重建價值鏈最極端的方法，就是採用與競爭企業完全不同的價值鏈。比較淺顯易懂的具體例子就是戴爾電腦，他們過去採用的直銷模式帶來莫大的成功。

　　過去，電腦的銷售模式，都是由製造商發貨給大盤、零售商後再賣給終端使用者，這樣的銷售通路相當傳統。但戴爾電腦則是透過網路和電話，接受終端使用者直接訂購。而且是接到訂單才開始組裝，也就是所謂得 BTO。[7] 完成後的產品直接寄給終端使用者。這樣的銷售方式能夠確實壓低售價。

　　戴爾採用的價值鏈和傳統價值鏈完全不同，而且變化非常大，因此成為戴爾電腦的強大優勢之一。[8] 其實，網際網路在 90 年代中期出現時，就有人預言網際網路的普及勢必導致「去中介化」的現象。因此，也有人說，戴爾電腦不過是完整遵照這段預言實行罷了。

　　但是，既有的競爭企業，對來勢洶洶的戴爾視而不見，更遑論採用相同的商業模式。部分原因是顧忌過去有交易關係的通路商，所以即使看到戴爾這麼賺錢，在通路商面前，也不敢明目張膽換成直銷模式，才會連模仿都辦不到。戴爾的直銷模式看似是隨處可見的價值鏈，實際上，並非任何企業都能隨便模仿得來。

圖解 8-7 重建價值鏈的衝擊

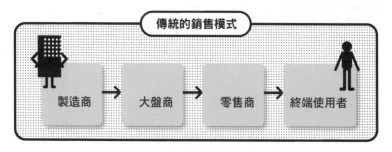

傳統的銷售模式

製造商 → 大盤商 → 零售商 → 終端使用者

戴爾的銷售模式

製造商 ←下訂單← 終端使用者
製造商 →生產／販售→ 終端使用者

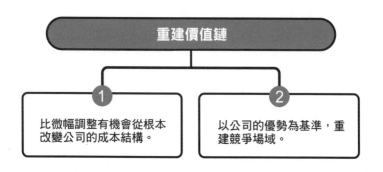

重建價值鏈

① 比微幅調整有機會從根本改變公司的成本結構。

② 以公司的優勢為基準，重建競爭場域。

 重建價值鏈有時能夠帶來優異的成本優勢，值得一試。

081

以差異化創造公司特有的優勢

Value Chain and Differentiation

　　分析、調整價值鏈將對企業的差異化策略帶來極大的影響，因為透過控制構成價值鏈的價值活動，就能從中產生差異化。

　　但是，我知道有人會懷疑價值鏈是否真能引發差異化，畢竟通常我們提到差異化，最先想到的仍舊是產品的差異化，或廣告宣傳帶來的差異化。不過，差異化的根源並不只局限在這些範疇。請注意波特於《競爭優勢》所說的這段話：「差異化的重要性自然不在話下，但一般人似乎還未充分理解差異化的產生方式……（中略）……多數人只會想到產品和行銷方式的差異化，卻不會思考價值鏈中具有差異化誘因的部分。」

　　聽到波特提出的這項概念，想必人人都會想知道，控制價值鏈中哪一個環節才可以創造差異化的根源。下一頁就是波特提出的「存在於價值鏈中的代表性差異化根源」。其中列舉出價值鏈的基本型態，以及透過個別的價值活動促進差異化的根源。

　　當然，不同企業擁有的價值活動各有所異。不過，波特舉出的差異化根源，對公司企業推動差異化之際，勢必能帶來極大的啟發。再者，任何價值活動都能找到差異化的根源，這個想法十分重要。價值活動是自家公司的優勢，倘若買方（消費者）也能認同活動的價值，這項活動即可成為極大的差異化要因。

圖解 8-8　價值鏈中具代表性的差異化根源

	進貨物流	製造營運	出貨物流	市場行銷與販售	售後服務
全面管理	●高層管理對銷售的支援　●提高公司形象的建築物與設施　●優異的管理資訊系統				
人力資源管理	●優異的員工訓練	●安定的勞務政策　●提高勞動品質的生產計畫　●吸引頂尖科學家、技術人員的計畫		●留住頂尖業務員的獎勵政策　●募集高品質銷售與服務	●大舉訓練服務技術人員
技術開發	●使用、管理原物料的優秀技術　●機器獨具品質保證特色	●特別的產品特色　●迅速導入模式　●特別的生產工序或機械　●產品自動檢查	●獨特的運送車輛行程表　●軟體　●特殊用途車輛或貨櫃	●應用技術支援　●優秀的媒體調查　●特別規格訂單盡早提出報價	●出類拔萃的服務與技術
採購	●購入資源與材料時，選用信賴度最高的運送方式	●最高品質的原物料　●最高品質的零組件	●最佳布局的倉庫　●運送耗損率最低的貨運公司	●最適合的媒體運用　●產品定位和形象	●更換高品質零件
	●可將耗損與品質低落控制到最低的生產方式　●可因應製造時程進貨的材料	●與規格書完全一致　●具有魅力的產品外觀　●可立即適應工作上的變更　●不良率極低　●製造時間極短	●即時快速配送　●處理訂單正確且迅速　●將破損抑制到最小限度的流程	●效果極佳的廣告　●沒有缺漏且高品質的促銷活動　●與通路商建立良好的私人關係　●出色的技術說明書與其他促銷物　●廣範的促銷手法　●提供給買方的賒貸額	●迅速的處理　●高品質服務　●準備所有替代零件　●廣範的服務範疇　●徹底訓練買方

利潤

出處：《競爭優勢》。

 任何價值活動都是差異化的根源，請以此為前提進行個別活動，讓差異化更加徹底。

082

九種差異性驅動因子
Drivers of Uniqueness

　　差異性驅動因子意指發生差異化的機制,也可說是決定差異化習性[9]的重要因素。因此,針對構成價值鏈的各種價值活動探討差異性驅動因子,便能更有效率地推動差異化。波特提出九項差異性驅動因子(見下頁),並且強調「具有最大影響力的差異性要因」[10],以下將進一步探討選擇的原則。

　　原則是針對目的或目標設定實行方法時心中出現的想法。相信各位都知道傑克‧威爾許(Jack Welch,1935～)是振興奇異公司(GE)的重要人物,他在重振奇異之時,決定讓銷售量第一或二以外的產品退出市場,把資源全部集中在公司的強項。順帶一提,他擔任執行長時,彼得‧杜拉克正好是公司顧問。杜拉克指導各家企業時,經常建議對方集中投注資源在公司的強項。威爾許推動的策略也是受到杜拉克的集中資源概念影響。[11]

　　不管怎麼說,威爾許成功讓原本營運狀況極差的奇異公司再度重生,關鍵正是集中資源在公司強項的策略原則發揮了效用。這項原則也讓奇異公司成功建立差異性。單憑這一點,就能知道差異化的原則有多重要。

　　總而言之,建立獨特的策略原則,就能成為效果極佳的差異性驅動因子。

圖解 8-9　九種差異性驅動因子

> **差異性驅動因子**
>
> 決定個別價值活動差異化習性的要因。

①	選擇原則
②	內外價值活動的連結關係
③	時機
④	布局
⑤	內外價值活動的相互關係
⑥	熟練與傳播
⑦	上游整合與下游整合
⑧	規模
⑨	制度要因

 差異性驅動因子種類繁多，應該針對個別價值活動分析哪一項要因最具影響力。

083

防範模仿的三項因素
Prevention of Imitation

模仿是差異化最大的敵人，容易被模仿的差異化，無法保有持續性的競爭優勢。防範模仿時相當重要的因素有三項：[12] ① **如果模仿這項差異化要因，必須耗費成本和時間，自然可以持續保有競爭力。** 差異化要因中，本來就藏有需要長時間琢磨之處，所以競爭者難以在短時間內模仿還得花錢。而且，即使負擔得起這項成本，模仿本身就很耗時，很難提前或是加快時間。

② **企業的差異化產生因素的因果關係不明，也會讓模仿變得極為困難。** 當對方不知道產生差異化的要因是什麼，或是要因錯綜複雜、無法理解，都能增加模仿的難度。管理學名詞「內隱知識」（Tacit Knowledge）意思是企業內部累積的知識（例如員工的知識和智慧）難以用任何形式傳給他人。如果能讓組織全體人員共享內隱知識，當然能夠提昇競爭力。而且，內隱知識沒有形式，從外部觀察也無法參透企業的競爭優勢。

③ **企業的整體狀況導致模仿難以實行。** 例如，就算知道競爭企業的優勢，但是想模仿就必須完全改變過去的做法，自然很難執行。[13] 這種差異化是透過徹底「取捨」達成的結果，企業必須選擇一方並且完全放棄另一方，明確決定出什麼事該做、什麼事不該做。徹底取捨就能創造難以模仿的差異化原因，將於第087 節再詳細討論。

圖解 8-10　防範模仿的處方箋

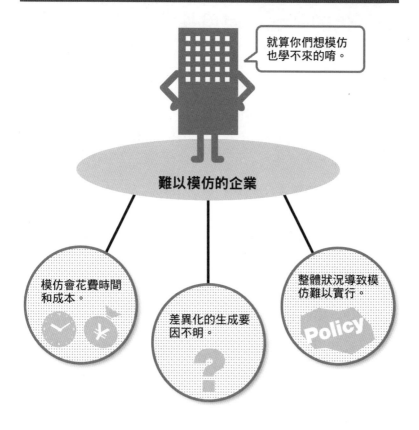

這些難以模仿的差異化基礎，正是徹底取捨產生的成果，可打造難以模仿的優勢。

084

差異化的開端：使用基準與訊號基準
Purchase Criteria and Signaling Criteria

差異化能帶來許多好處。首先，可以設定高價位，就算競爭企業定價相同，光是差異化帶來的魅力就能提高銷售量，而且比較容易獲得顧客忠誠度。不過，買方在什麼情況下，願意支付高價購買有差異化的產品呢？這就要考量到兩種狀況：[14] **① 有差異化的產品更能讓買方降低成本。**這裡所說的成本，包含取得成本、使用成本、維護成本、保管成本和廢棄成本。**② 有差異化的產品更能讓買方增加成果，**例如，擁有產品之後買方感覺到社會地位提升，也等於是獲得的成果增加了。[15]

賣方只要參考這兩種狀況，利用差異化幫助買方降低成本或增加成果，買方自然會覺得「支付高價格也無妨」。波特把這樣的情況稱為「使用基準」。但是，光以使用基準為指標，差異化活動仍不夠完善。所以，還必須加入「訊號基準」。即使企業致力推動差異化提高產品或服務價值，想要買方百分之百認同，也有點困難。因此，賣方必須使用各種方法，向買方傳達產品充滿價值的訊號。代表性的訊號就是廣告或口碑，這些訊號也可作為推測產品價值的基準，才會叫做「訊號基準」。所以，即使產品實際價值比競爭企業的產品還低，只要善用訊號基準改變消費者的認知，定價就能比競爭產品還要高，類似的案例比比皆是。

圖解 8-11　購買基準矩陣

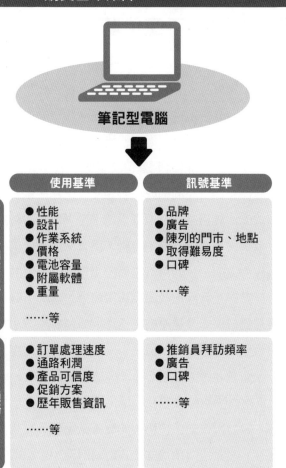

筆記型電腦

	使用基準	訊號基準
終端使用者	● 性能 ● 設計 ● 作業系統 ● 價格 ● 電池容量 ● 附屬軟體 ● 重量 ……等	● 品牌 ● 廣告 ● 陳列的門市、地點 ● 取得難易度 ● 口碑 ……等
通路	● 訂單處理速度 ● 通路利潤 ● 產品可信度 ● 促銷方案 ● 歷年販售資訊 ……等	● 推銷員拜訪頻率 ● 廣告 ● 口碑 ……等

出處：《競爭優勢》。

 明明產品比競爭企業更有價值，卻受到訊號基準影響而評價不佳，產品價值遭到消費者低估的案例時有耳聞，必須注意。

085

提高營運效率不是策略

Operational Effectiveness

　　三項基本策略、五力分析和價值鏈，都是波特競爭策略理論中非常重要的概念，這些概念也說明企業實現競爭優勢的方法。簡單來說，有兩條路可以引領我們實現競爭優勢，而且是唯二的兩條路。**① 將成本壓得比競爭企業還低；② 要求消費者支付比競爭企業產品金額更高的價格。**①顯然就是指成本領導策略。而如果想達成②的高價格，就要提供給消費者更高的產品價值，自然必須採取與競爭企業不同的行動，簡單來說就是差異化策略。依照這個思考邏輯，我們可以推斷出當爭取競爭優勢不順利時，企業最終應該還是會採取成本領導策略或差異化策略。

　　如果想比競爭企業更徹底打造低成本體質，方法就是提高營運效率，也就是所謂的「改善法」。但是，即使提高營運效率，競爭企業也會透過標竿學習[1]馬上模仿。如此一來，原本是最佳實踐[2]的事物很快便會過時。但是，領頭的企業會想辦法再增進營運效率，接著再被對手模仿，如此不斷循環，最後會達到「競爭收斂」。模仿戰爭不斷重演，導致市場上相似的企業比比皆是，[3]最後留在市場上的企業，都是堅持忍耐才能撐到最後。為了避免殺得血流成河的競爭，並持續保有競爭優勢，與其提高營運效率不如推動差異化。所以，本節的結論恰好與第 056 節的主題相呼應：策略的本質是差異化。

圖解 9-1　競爭收斂

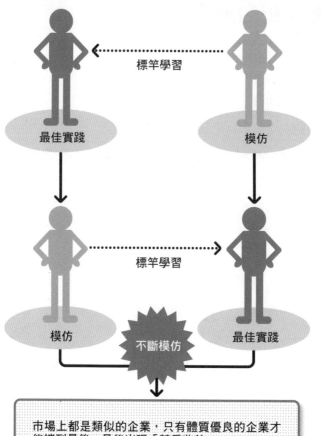

市場上都是類似的企業，只有體質優良的企業才能撐到最後，最後出現「競爭收斂」。

 策略的本質是差異化，模仿的行為代表缺乏策略，這一點必須注意。

086

策略定位的重要性
Strategic Positioning

請先看圖解 9-2，圖中的橫軸是相對成本地位，縱軸則代表價格以外的價值。在兩軸上畫出最低成本結合最優秀的營運模式所得的最大價值，會得到一條與原點等距的弧線，代表當時營運效率最佳化的狀態，可以想成是「最佳實踐的集合體」[4]。波特稱為「生產可能曲線」（production possibility frontier）。

然而，位於弧線右下角的企業，都已經採取成本領導策略，必然極盡所能追求低成本體質，應該已經進入競爭收斂（見第085 節）的狀態。所以為了避開淪落到這個地步，所有企業都力求離開弧線右下角，盡可能占據左上角的定位。因此，差異化是不可或缺的條件。這就是波特所說的策略的本質。以這個想法為基礎獲得獨特的定位，就是策略定位。

圖解 9-2 還說明了一項重點：策略定位是增進營運效率的必要條件，卻不是絕對有效的條件。想像一下，當某項特定成本無法有效提高營運效率時，企業的活動應該比生產可能曲線更靠近原點。與定位於生產可能曲線之上的企業相比，明顯處於不利的競爭地位。

因此，企業必須追求營運效率最佳化，只不過終究還是得建立明確的策略定位。簡單來說，企業首先必須推動以差異化為基礎的策略定位，之後才是追求營運效率的最佳化。

圖解 9-2 生產可能曲線

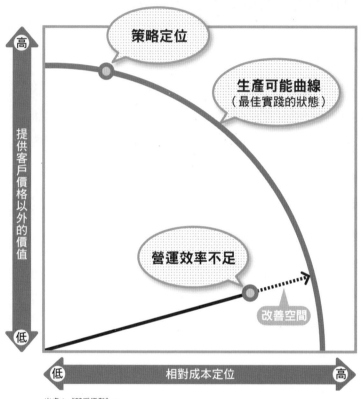

出處：《競爭優勢》。

 想透過徹底提高營運效率達到生產可能曲線的產能，策略
定位是相當重要的必備條件。

087

利用取捨來維持競爭優勢
Strategies and Tradeoffs

只決定策略定位，並不能算是完整的競爭策略，在這之後，還必須持續保持競爭優勢。競爭企業的模仿會威脅到持續性的競爭優勢。一般模仿分為兩種，一種是競爭企業完整複製定位，另一種是採取雙軌策略的模仿，在確保目前定位的同時，模仿現有的成功獲利定位。這個時候，波特的立場是必須利用取捨與這些模仿者一較高下，也就是選邊站之後，就必須放棄另一邊，所以一方增加，另一方絕對會減少。

競爭企業企圖模仿卓越的差異化策略時，勢必要捨棄舊有策略、採取新的行動。因此，差異化的程度愈大，對競爭企業而言賭注愈大。此外，雙軌策略看似可以同時立足在兩種不同定位上，其實卻可能浪費經營資源，甚至減弱既有策略的效果。徹底實施取捨策略，可有效防止模仿，提高保持競爭優勢的可能性。此外，取捨很容易讓人認為是兩全齊美的策略。像是前一節提到的生產可能曲線，未觸及曲線的企業仍然可能利用取捨策略，獲得兩全齊美的結果。然而，在著重提高產能的狀態下又要追求低成本，將產生競爭收斂（第 086 節）。所以，做與不做之間就是取捨帶來的差異化，也是這個策略的關鍵。

日本企業以往靠著擴張生產可能曲線成長，在提高營運效能後追求最佳實踐，但是這種做法近年來已漸趨顯式微。

圖解 9-3　策略定位與提高營運效率

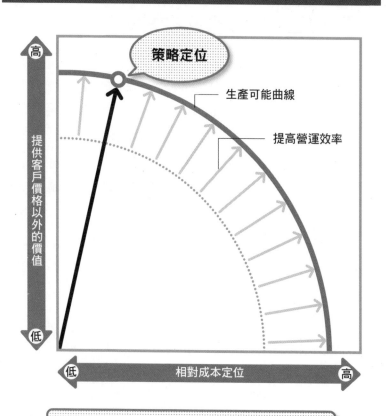

- 提高營運效率就可以將生產可能曲線向外擴張
- 向量的方向代表獨特的策略定位

 提高營運效率是必要條件，但策略定位更重要。

088

差異化成功關鍵還是在於取捨
Return to Tradeoffs

　　一般來說，策略定位隨著時間經過，當初的賣點特徵會漸漸淡化，原因之一或許是競爭企業的模仿，但多數的情況都是當事者（企業）本身有問題。因為參與競爭的企業數量愈多，會愈往「正中央」靠近，這個現象可以用霍特林模型[5]說明。

　　舉例來說，有 A、B 兩家電視台，A 擅長製作連續劇，B 擅長拍攝紀錄片，它們原本位在業界裡完全相反的兩側（見圖解 9-4）。某天，A 電視台高層吩咐劇組製作可以提高收視率的節目，所以劇組決定增加比較容易提高收視率的綜藝節目。B 電視台見狀也打算提高收視率，因此分配人手製作綜藝節目。看到對方的模仿，A 電視台更進一步要求劇組投注心力製作綜藝節目，企圖藉此獲取更高的收視率，B 電視台當然也隨著跟進。結果，原本各有特色的兩家電視台，都以迎合大眾口味為目標，漸漸往正中間移動。為了爭取觀眾，兩家電視台的差異化愈來愈不明顯，中線正是相似度極高的綜藝節目，成為針鋒相對的舞台。

　　根據霍特林模型，當取捨做得不夠徹底，差異化程度也會隨著下降。這可能發生在所有業界，並形成大同小異的企業之間的白熱化競爭。[6]此時，只有再度展現自家公司的獨特性才能脫身，我們可以利用波特舉出的五個問題（見圖解 9-4），從中找出有效的對策。

圖解 9-4　逃離霍特林模型

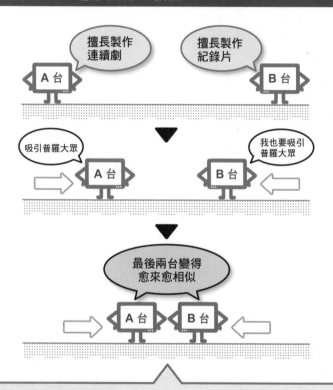

再度找到獨特性的五個問題：
❶ 自家公司的產品和服務當中，哪一項與其他公司差異最大？
❷ 自家公司的產品和服務當中，哪一項帶來的獲利最高？
❸ 自家公司的客戶當中，誰是滿意度最高的族群？
❹ 自家公司的客戶、通路和進貨機會當中，哪一個環節的獲利最高？
❺ 自家公司的價值鏈當中，哪一項差異化帶來的獲利最高？

出處：《競爭優勢》。

 提高營運效率是必要條件，但策略定位更重要。

089

擁抱藍海
Blue Ocean Strategy

金偉燦和莫伯尼在 2005 年提出藍海策略的概念，呼籲各大企業不必繼續留在血流成河的競爭環境，應該想辦法創造沒有競爭對象的新市場。[7]如前一節提及，當取捨不夠徹底時，兩家實力相當的企業，將創造出血流成河的競爭環境。金偉燦和莫伯尼將這種沒有差異化的市場，稱為紅海（Red Ocean）[8]，企業只能發動以血洗血的價格割喉戰。波特對此提出五個問題，說明可以找回企業的獨特性（見圖解 9-4）。而藍海策略提倡的則是不同的方法，其中關鍵在於策略草圖（strategy canvas）與四項行動。

策略草圖是一套工具，當企業在某個產業發展事業時，可以將選定的策略特徵，以視覺化的形式展現。圖解 9-5 是筆電製造商的策略草圖。策略草圖看起來像是平面曲線圖，橫軸標示產業中各公司著重的重要因素；縱軸則是各項重要因素可以創造的顧客價值，這必須由自家公司、業界平均和競爭企業三項標準來檢視，於是形成草圖中的三條曲線。在藍海策略當中，這些曲線被稱為「價值曲線」。

在血流成河的競爭市場裡，都是沒有差異化的產品，各家公司採取的行銷活動也很類似，因此企業之間的價值曲線差異不大。如果企業能夠創造獨特的價值曲線，就能實現差異化。下一節將說明對行銷活動有幫助的「四項行動」。

圖解 9-5　策略草圖與四項行動

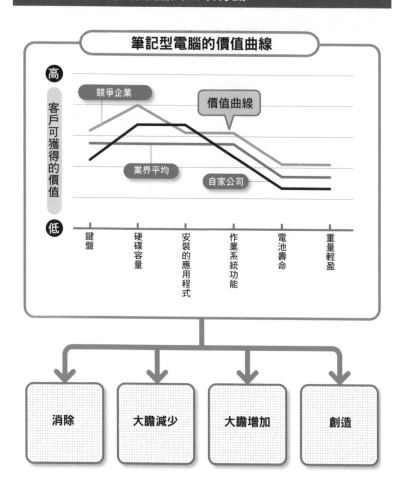

産品差異化不夠大的時候，策略草圖的價值曲線就會愈來愈靠近。此時就要利用四項行動來創造獨特性

090

四項行動有效促成差異化

Four Actions Framework

四項行動指的是：**消除、大膽減少、大膽增加、創造**，可以創造出與業界平均或競爭企業完全相異的價值曲線。這些行動可以改變現在業界著重的各項重要因素，也就是改變策略草圖橫軸列舉的各項目的排列組合，並繪製出完全相異的價值曲線，這正是四項行動的目的。

首先，前兩項分別是「消除」或「大膽減少」現在業界或自家公司已認定有價值的重要因素。如此一來，對客戶而言，這些價值將大幅降低。另外兩項行動，則是針對業界或自家公司尚未發現價值的重要因素，要「大膽增加」關注的程度，或是「創造」至今未曾考慮過的重要因素。當然，這兩項行動都能提升顧客價值，只是都被競爭企業輕視或忽略掉了。

經過這些行動後，自家公司的價值曲線就會變得與業界平均或競爭企業完全不同，並且徹底實現差異化。金偉燦和莫伯尼把根據這些要領重新繪製的價值曲線稱為價值創新（value innovation）。它的特徵，就是利用「消除」和「大膽減少」削減成本，同時以「大膽增加」來實現差異化。總之，價值創新能夠同時降低成本和實現差異化，換句話說，這項概念的效果或許能夠超過波特提出的取捨。[9]

圖解 9-6　以四項行動重新繪製價值曲線

消除	大膽增加
● 鍵盤 ● 硬碟容量	● 電池壽命 ● 重量輕盈

大膽減少	創造
● 安裝的應用程式 ● 作業系統功能	● 一鍵開機 ● 應用程式中心 ● 觸控面板

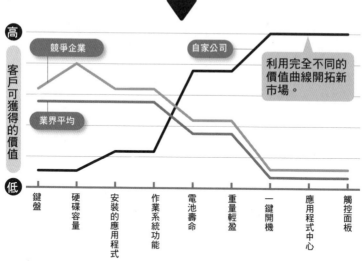

針對筆記型電腦這項產品實行四項行動後，自家公司的價值曲線變得完全不同。各位應該都發現了，新的價值曲線代表的是平板電腦。

091

關注企業內部環境

Resource-based View

　　波特的競爭策略理論十分重視策略定位，而且，只要了解其他策略理論對波特的主張抱持的批評態度，就更能突顯波特的競爭策略理論的特徵。反對波特的其中一派提出「資源基礎觀點」（Resource-based View，簡稱 RBV），又稱「資源基礎理論」或是「資源開發」。[10] 波特的策略理論較少探討企業的「內在」，也比較關注「外在」環境。但資源基礎觀點就重視「內在」多於「外在」。根據資源基礎觀點的定義，確保持續性競爭優勢的重要因素，不是取決於業界的特質，而是企業能夠對業界提供的能力（capability）。[11] 這一派也認為，如果這項能力既稀有又難以模仿，就能有效作為推動競爭優勢發揮作用。綜合以上概念，如果想實現競爭優勢該怎麼做呢？沒錯，就是努力開發自家公司特有的能力，並且打造可以充分發揮這項能力的組織編制。

　　不過，相信各位也疑惑：重視外部或內部環境，哪種策略理論比較優秀？答案很簡單，兩種理論不分高低都是必要，也可以說是互補關係。世界上沒有任何一位經營者只考慮其中一種。實際上，波特提出的五力分析注重「外在」，但提到價值鏈時又立刻轉為關注「內在」。因此，波特對「內在」的看法，也可以說是他的競爭策略理論的最大特徵。在解說這一點之前，我們再稍微深入了解 RBV。

圖解 9-7　策略定位 VS 資源基礎觀點

注重策略定位 ....

> 外部環境
> （特別是業界）

分析外部環境，決定策略定位是首要目標！

注重資源基礎 ....

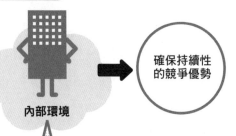

確保持續性
的競爭優勢

內部環境

先關注稀有且難以模仿的內部資源，
藉此確保持續性競爭優勢是首要目標！

 策略定位關注「外在」，資源基礎觀點注重「內在」。
但是，兩種理論是互補的關係。

092

VRIO 分析的四個觀點
VRIO Analysis

　　資源基礎觀點當中，還包含 VRIO 分析。這是在分析自家公司的價值鏈時，可用來明確分辨「優勢」與「劣勢」基準。VRIO 分析透過下列四個觀點，分析企業的經營資源：[12] **① 經營資源能否適應外部環境的機會與威脅（經濟價值＝ Value）；② 是否只有少數企業擁有經營資源（稀有性＝ Rarity）；③ 這項經營資源是否難以模仿（模仿的困難度＝ Inimitability）。④ 企業是否擁有獨特的經營資源，並已整合成一套有效活用的原則（組織＝ Organization）。**

　　這四個問題，可以用「是／否」回答或分成五個階段來評分，就能分辨企業擁有的經營資源和能力的優劣勢。但是，有一點必須注意，這個分析法，只是以資源基礎觀點為出發點，或許波特本人持反對意見也不一定。而且他的反對原因並不單純，不只是因為這項觀點否定了策略定位。

　　波特非常重視構成價值鏈的個別價值活動之間的相互連結，並且把這些連結稱為適配（fit，也叫作「契合」）。經過思考，創造出來的適配，稱為策略適配（strategic fit）。波特認為，策略適配帶來的結果，將使企業獲得持續性的競爭優勢。從這樣的立場來看，評估個別經營資源就沒有意義了。所以，接下來我們必須解說波特提出的策略適配。

圖解 9-8　VRIO 分析架構

 V

與經濟價值相關的問題

經營資源能否適應外部環境的機會與威脅。

 R

與稀有性相關的問題

是否只有少數企業擁有經營資源。

 I

與模仿困難度相關的問題

這項經營資源是否難以模仿。

 O

與組織相關的問題

企業是否擁有獨特的經營資源，並已整合成一套有效活用的原則。

▼

掌握企業的「優勢」與「劣勢」

　　VRIO 分析是分析組織「優勢」與「劣勢」的有效方法，但這套觀點不是用來評估「經營資源」，可以試著分析「價值鏈」。

093

價值活動的連結適配
Value Activities

　　波特曾針對策略本質提出各種論述，以下是其中之一：「策略的本質存在於活動本身。針對一項相同的活動，我們與競爭對手的做法可能不同，也或許與競爭同業展開不同的活動。這些行為都是策略。」[13]

　　波特認為「活動」就是策略的本質，企業如果想占據特定的定位，勢必要執行某種活動。而且，占據特定定位並保有持續性的競爭優勢，也必須透過一連串活動來達成。這裡所說的活動，執行方法與競爭企業不同，或是根本是完全不同的活動。但是，不同不一定是好事，畢竟買方要是不接受活動帶來的價值，一切都是空談。因此，企業必須透過獨特的活動，向買方提出獨特的價值。波特把這種提議稱為「價值主張」（value proposition）。

　　接下來，我們再來看波特提出的「活動」。透過獨特的活動，提供獨特的價值，也就是透過獨特的價值鏈，提供獨特的價值。獨特的價值鏈，是由獨特的價值活動與價值活動之間的連結構成。如此一來，策略就會成為連結各項價值活動的角色。[14]此時，適配的觀念就顯得格外重要，這指的是緊密連結各項價值活動，形成互相補強的狀況。藉由策略產生的適配，能夠創造不易模仿的價值鏈，就是所謂的策略適配。這一點將於下一節繼續探討。

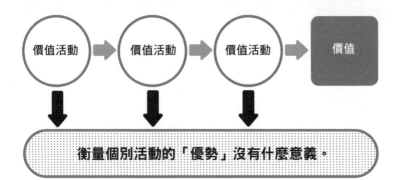

圖解 9-9　策略適配的意義

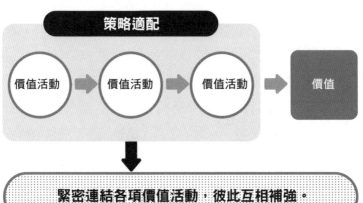

 單獨評估價值活動沒有什麼意義，為保有持續性的競爭優勢，價值活動之間的緊密連結是必備的條件。

094

形成適配的三項重點
Drives Competitive Advantage

　　適配的程度愈高，企業的價值活動之間的連結就會更緊密，這是相乘效果帶來 1 ＋ 1 ＞ 2 的價值，可以避免競爭企業的模仿，也可以說就是「核心競爭力」。[15] 波特表示，形成策略適配的重點有三項。① **各價值活動與整體策略的一貫性非常重要**，只有保持一貫性，才能避免活動互相干擾、影響效果。

　　② **適配是發生在價值活動互相補強的時候**。以我的記帳士朋友為例，他的客戶都是牙醫，來往的過程中他發現許多年輕牙醫日後都想獨立開業。他協助過幾位客戶開業之後，學到足以勝任牙醫診所開業顧問的知識和技巧，就開始提供一條龍的服務，從協助開業到支援稅務與經營全包。雖然每一項都是獨立的活動，但統整起來就是無人能敵的服務，這樣的適配成為他的強大競爭力。所以，他現在才能夠坐擁一家 50 人規模的公司。

　　③ **適配最佳化可以促使價值活動相互補強優勢，波特稱為組合最佳化**。或許有些難以置信，我那位記帳士朋友對土地和店面招租也有一定的了解。因為牙醫開業時選址很重要，會大幅影響患者人數。所以，牙醫診所的開業顧問進行服務整合最佳化時，詳細了解土地和店面招租資訊，是必要的一環。

　　以上，謹記三項重點創造出來的適配，即是策略適配。波特說過：「策略就是企業展開活動時，創造出來的適配。」[16]

圖解 9-10　建立不容易被模仿的策略適配

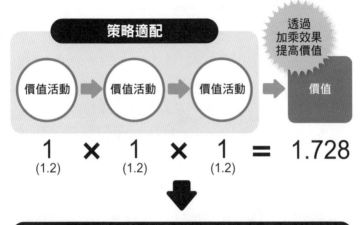

策略適配

透過加乘效果提高價值

價值活動 ➡ 價值活動 ➡ 價值活動 ➡ 價值

$$1 \times 1 \times 1 = 1.728$$
$$(1.2) \quad (1.2) \quad (1.2)$$

沒有理解策略適配時進行的模仿

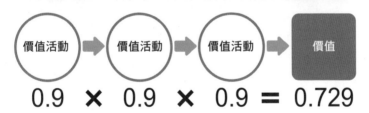

價值活動 ➡ 價值活動 ➡ 價值活動 ➡ 價值

$$0.9 \times 0.9 \times 0.9 = 0.729$$

價值活動的連結愈複雜，模仿愈難易奏效。

 在不了解策略適配的情況下，即使模仿個別的價值活動，也無法獲得預期中的成果，這一點必須謹記。

095

故事性競爭策略

Competitive Strategy as Narrative Story

有一項競爭策略理論很適合搭配策略適配使用，那就是由一橋大學研究所教授楠木建提倡的策略故事 [17]，可以理解為將競爭策略改編成動聽的故事。策略故事的概念中最值得關注的重點，在於競爭優勢也有階層。策略故事可分為五個階層，每一個階層各有不同的動能，能夠讓企業取得持續性的競爭優勢（見圖解9-11）。階層從零開始，第零層是將獲利的動能全部交由外在的重要因素決定，完全不考慮策略或其他變數。

第一層是開始注意產業的競爭結構，並思考加入具備獲利結構的產業。值得關注的是，第二層的重點在於定位和組織能力。當產業已經有固有結構，就該思考需要導入什麼要素。簡單來說，就是利用五力分析，獲得最有利的定位，別無他法。鞏固定位後就是提高營運效率，這一步取決於組織能力。也就是說，第二層的行動，就是徹底實行本書第七、八章的內容。

接著，第三層可以讓企業實行的活動維持一貫性，促使各項活動之間相互補強，也就是策略適配。[18] 最後，第四層重點是關鍵核心（critical core），指的是競爭企業不了解必要性的活動，或是看來毫無幫助的活動。這和波特提及的組合最佳化（第094節）關聯很深。綜合這些條件，其實只要記得楠木教授的策略故事，就是將策略適配改編為故事。

圖解 9-11　競爭優勢的階層

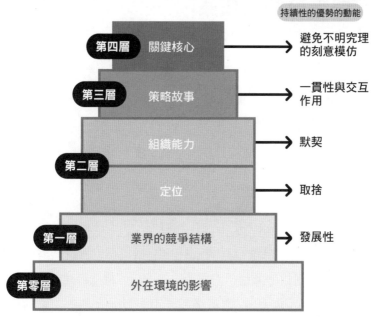

持續性的優勢的動能

- 第四層　關鍵核心　→　避免不明究理的刻意模仿
- 第三層　策略故事　→　一貫性與交互作用
- 組織能力　→　默契
- 第二層　定位　→　取捨
- 第一層　業界的競爭結構　→　發展性
- 第零層　外在環境的影響

出處：《策略就像一本故事書》。

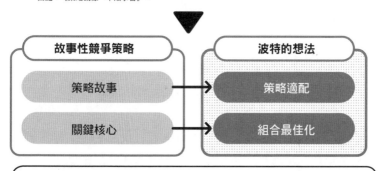

故事性競爭策略

- 策略故事　→　策略適配
- 關鍵核心　→　組合最佳化

波特的想法

☞ 《策略就像一本故事書》這本書的背景知識中，蘊藏著波特的競爭策略理論想法。

096

策略定位的六項原則
Principal of Competitive Strategy

目前為止已經充分討論波特的競爭策略理論，這一節就要複習波特在競爭策略中最重視的環節：確立、維持策略定位的要點。波特稱為「策略定位的六項原則」。[19]

① **正確的目標**：企業的使命是永續經營，為達此目標必須獲利。因此策略的基本就是擁有長期 ROI [20]，千萬別忘記。正確的目標是策略的出發點，這一點很容易被忽略，必須多加注意。

② **價值主張**：向買方提供獨特的價值（第 093 節）。企業的策略就是能向買方提供的價值主張。③ **價值鏈**：獨特的價值活動的連鎖行動可以形成獨特的價值、打造價值鏈。因此，自家公司獨特的策略必須反應在價值鏈上。④ **取捨**：明確的策略最後還是得面對取捨，這會反應在產品或價值鏈上，成為企業的特色，並且打造出不容易模仿的獲利體質。

⑤ **活動之間的適配（策略適配）**：構成價值鏈的價值活動絕對不可忽略適配，它能夠強化價值活動的連鎖反應、達到最佳化，讓企業獲得綜合性的持續性的競爭優勢。如果只加強部份價值活動達到最佳化，對於整體強度也沒有太大幫助。⑥ **持續性**：每項策略都必須持之以恆。徹底追求持續性，不斷提供具有高度獨特性的價值主張非常重要。確保持續性，就能累積具有高度獨特性的技巧和經營資產，並且取得良好的評價。

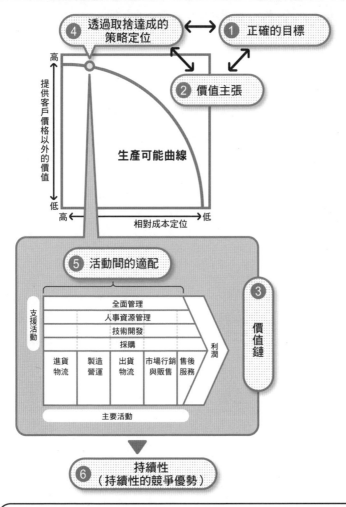

圖解 9-12　注意策略定位的六項原則

謹記策略定位的六項原則，掌握獨特的定位和持續性的競爭優勢

097

日本式企業模型的九項特徵
Model of Japanese Company

　　本章探討在全球化時代中日本企業的競爭策略，首先討論日本式企業模型。波士頓顧問集團創始成員阿貝格蘭於 1985 年提出：日本式企業最有名的經營特徵是年功序列、終身雇用制和企業內部工會。[1] 但是，波特在 2000 年與一橋大學研究所竹內弘高教授（現哈佛大學商學院教授）合著《波特看日本競爭力》，採納了截然不同的觀點，整理出日式企業模型獨具特色的九項特徵（圖解 10-1）。首先要討論高品質與低成本，這是以「製造」見長的日本企業都在追求的目標。只要能夠提供品質卓越、成本低廉的優惠產品，自然就能打造出強大的競爭力。

　　想製造高品質且低成本的產品，就必須仰賴「精實生產」[2]，這也是日本企業的一大特徵。精實生產就是排除生產時的浪費，打造有效率的系統，以實現多品種的大量生產。這套方法源於豐田汽車公司開發出來的豐田生產方式（TPS）[3]，是以不斷的改善來降低成本，經常被比喻為「從乾毛巾中擰出水」，日本企業擅長用這種方式提高營運效率。

　　請看圖解 10-1，特別是第二項「多樣的生產線與附加功能」。為了致力滿足各種客戶，日本企業另一個特徵就是傾注全產線製造多功能產品。波特表示，日本式企業模型現在已經面臨撞牆期，接下來我們將繼續探討這項議題。

圖解 10-1 日本式企業模型的九項特徵

以前

年功序列	終身雇用	企業內部工會

現在

1　高品質且低成本。

2　多樣的生產線與附加功能。

3　精實生產。

4　員工是資產。

5　著重協調的領導方式。

6　企業間堅固的資訊網。

7　長期的目標。

8　企業內部多元化，發展高成長產業。

9　與政府建立緊密的合作關係。

出處：《波特看日本競爭力》。

日本式企業模型確實有優勢，但就追求策略定位的角度來看，還是有極大的阻礙，希望接下來的章節能讓各位更加理解這一點。

213

098

致力於擴張生產曲線邊界
Japanese Company and Production Possibility Frontier

前一節介紹過高品質、低成本與精實生產，也看過多樣的生產線和附加功能（全產線製造多功能產品）。其實，這些特徵與取捨（第 087 節）以及生產可能曲線（第 086 節）關係非常密切。利用這幾個關鍵字，就能更清楚說明日本企業的特徵。生產可能曲線是平面圖，由橫軸的相對成本定位與縱軸的價格以外的價值構成，可以繪製出一道與原點等距的弧線，呈現出最低成本與最高營運效率創造出來的最大價值（當下最佳實踐的集大成）。日本企業優秀的地方，在於透過精實生產不斷將生產可能曲線向外擴張，就像從乾毛巾擰出水，追求營運效率、實現低成本生產，並相繼導入多樣生產線與附加價值以達成高品質。

戰後的日本企業一直很擅長擴張生產可能曲線，較早起步的美國企業完全追不上，因此在汽車與電器產品領域只能跟隨腳步，望塵莫及。1970 年代末期，甚至還出現「日本第一」（Japan as Number One）這樣的讚譽。這句話出自美國社會學者傅高義（Ezra Feivel Vogel，1930 ～）的著作，書名正是《日本第一》，書出版後這四個字一舉成名。傅高義在書中列舉日本的優點，似乎是在警告美國人，再這樣下去美國將被日本超越。而不久後，日本進入泡沫經濟，多數日本人深信不疑的「日本第一」，以及透過擴張生產可能曲線站穩優勢的日本企業，很快便面臨悲劇。

圖解 **10-2** 擴張生產可能曲線

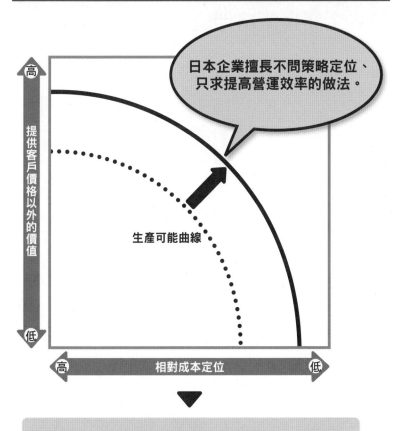

日本企業擅長不問策略定位、只求提高營運效率的做法。

生產可能曲線

提供客戶價格以外的價值

高　　低

相對成本定位

高　　低

日本就是藉著這種做法獲得「日本第一」的稱號。

 提高營運效率是必要條件，但並非唯一條件，日本企業以往都是利用提高營運效率獲得成功。

099

日本企業與策略定位
Strategic Positioning

　　隨著泡沫經濟達到頂峰後崩盤，日本式企業模型也開始出現破綻[4]，原因如下。首先，日本以外的企業都開始模仿精實生產。例如，摩托羅拉（Motorola）採用的「六標準差」就是代表性的例子，這套品管方法是每製造 100 萬件產品，不良品的比例只有 3.4 個以內，此時的不良率是 6σ（sigma），又稱為六西格瑪。另外，韓國和臺灣企業也紛紛雇用日本主管，拚命學習精實生產。從這個時候開始，日本企業的競爭優勢早已明顯下降。

　　接著對日本帶來打擊的是 IT（資訊技術）的發展。有些企業開始利用 IT 來擴張生產可能曲線，日本企業便失去更多競爭優勢。再加上 IT 是以數位技術為軸心，這對日本十分不利，因為日本的電器產業只擅長類比技術。所以，這樣的轉變代表日本企業的傳統做法，已經無法擴張生產可能曲線。

　　要獲取競爭優勢有兩種方法：**把成本拉得比競爭企業還低；訂價比競爭企業還高。**但是，只追求營運效率，會陷入低成本競爭收斂（第 085 節）。為了避免這種情況，必須透過取捨來確立差異化策略定位，這是高定價不可或缺的條件。然而，日本企業總是無法選定策略定位，只會以擴張生產可能曲線為目標，自然陷入競爭收斂。這顯示出日本企業並未設定明確的獨特定位策略。[5] 因此，現今的當務之急，便是訂下明確的策略。

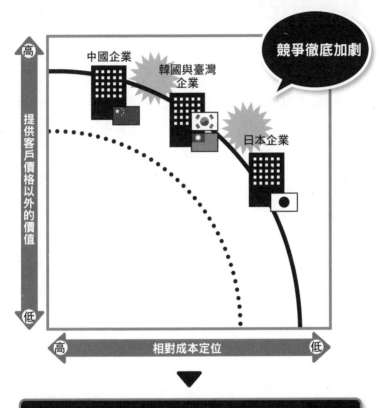

圖解 10-3　日本企業的當務之急

現在已無法提高營運效率以取得競爭優勢，
正是認真考慮策略定位的時候了。

日本企業不需要再提高營運效率，訂定策略定位更加重
要。

100

從美國 IBM 看日本 NEC
IBM and NEC

1980 年代，美國 IBM 和日本 NEC 都是個人電腦市場的頂尖品牌。但是，IBM 公開個人電腦規格後，其他廠商（新進業者）相繼加入市場，個人電腦的普及化急遽加速。但各廠商產品規格都相同，很難做出差異化，只能靠著提高營運效率競爭，造成降低價格的割喉戰一再上演（第 069 節）。2004 年，IBM 突然把個人電腦部門賣給中國聯想（Lenovo）。當時，名為 ThinkPad 的筆電大受歡迎，品牌如日中天。IBM 不想繼續保有個人電腦事業，因此採取取捨策略，貫徹「不選擇」的決定，並且採取明確的策略定位，決心在 B2B 領域集中發展整體服務（total service）。

然而，在日本雄霸一方的大廠 NEC 在個人電腦開始普及後，眼見市占率不斷減少，仍堅持保有事業。因此只有選擇精實生產方式，持續追求低價格，否則很難在差異化差距極小的個人電腦業界生存下去。最後，NEC 的堅持終究達到極限，在 IBM 退出個人電腦市場後七年，NEC 在日本的市占率持續低落，幾乎從世界市場消聲匿跡時，於 2011 年宣布和聯想合併，共同設立個人電腦公司。波特指出，沒有策略定位的企業，為了提升業績的需求，相繼走向併購一途。[6] 他還說，多數日本企業都只朝提高營運效率邁進，捨棄建立策略的選擇。[7] NEC 就是個典型的例子。[8]

圖解 10-4　IBM 與 NEC 的個人電腦事業

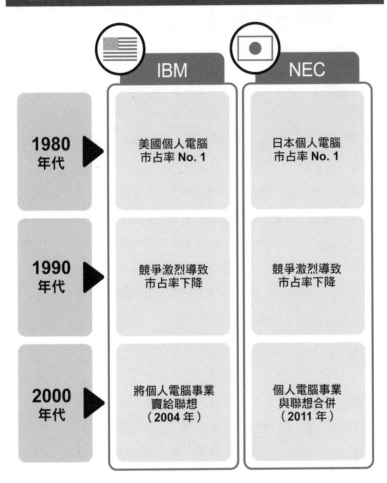

	IBM	NEC
1980 年代	美國個人電腦市占率 No. 1	日本個人電腦市占率 No. 1
1990 年代	競爭激烈導致市占率下降	競爭激烈導致市占率下降
2000 年代	將個人電腦事業賣給聯想（2004 年）	個人電腦事業與聯想合併（2011 年）

用波特的主張來解釋 NEC 個人電腦事業的例子，理所當然會認為這家公司欠缺策略。但是當時他們如果找到策略定位，不知是否可以找到活路

101

日本企業與國家的成長
Corporation and Growth of Japan

經濟學者熊彼德（Joseph Alois Schumpeter）一直在追求國家經濟發展的創新（第 039 節）。他將經濟發展比喻為「從馬車到汽車的變化」[9]，意指經濟發展是非連續性的變化，原動力來自創造性破壞，也就是所謂的創新。

熊彼德認為，經濟發展的原動力在於創新，但是，誰該提供創新的事物呢？是企業家。企業家是「開創新事物或利用新方法做原本的事」的人。[10] 另一方面，波特是怎麼想的呢？他這麼說過：「國家財富的最終依據，還是在於企業競爭達成的生產力。……因此，這樣的生產力，代表了一國的競爭力。」[11]

「企業家」與「企業」雖然字面意思不同，但是熊彼德和波特都認為，國家的經濟發展與財富根源掌握在企業手中，這一點相當值得關注。而且，重點在於日本的財富根源（日本企業）。前幾節提到，日本式企業模型很早之前就已經面臨轉捩點。事實上，現在日本企業面對他國企業時，光靠提高營運效率，已經無法確保競爭優勢。日本經濟已經停滯大約 20 年，原因之一在於，作為國家財富根源的企業，並未完全發揮功能。這個現況和日本國內的顯著重要因素有關，少子化與高齡化導致勞動人口減少，企業因而失去活力。而且，勞動人口減少、扶養負擔增加，在這樣的狀況下，確實很難保住國家的財富。

圖解 10-5 日本面臨的難題

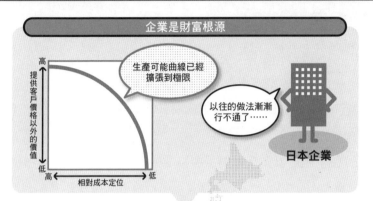

企業是財富根源

生產可能曲線已經擴張到極限

以往的做法漸漸行不通了……

日本企業

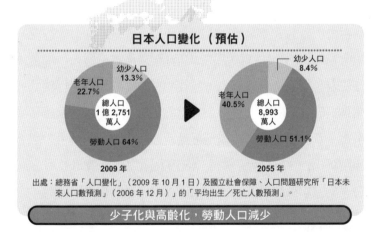

日本人口變化（預估）

幼少人口 13.3%

老年人口 22.7%

總人口 1 億 2,751 萬人

勞動人口 64%

2009 年

幼少人口 8.4%

老年人口 40.5%

總人口 8,993 萬人

勞動人口 51.1%

2055 年

出處：總務省「人口變化」（2009 年 10 月 1 日）及國立社會保障、人口問題研究所「日本未來人口數預測」（2006 年 12 月）」的「平均出生／死亡人數預測」。

少子化與高齡化，勞動人口減少

企業是國家的財富根源，但狀況一直不佳，加上少子化、高齡化和勞動人口減少的打擊，這就是日本面臨的難題。

102

鑽石理論模型
Diamond Framework

鑽石理論模型[12] 出自波特的《國家競爭優勢》[13]，是分析國家競爭優勢的工具，它將決定國家競爭優勢的要素分為四點（圖解 10-6）：

① **生產要素**：產業競爭中必要的勞動者、技術者、知識來源、資本與社會基礎（基礎建設）。企業導入這些要素後，才能開始生產；投入高品質要素，讓消費者以合理的價格取得，就能造就更高的企業競爭力。對於需要持續、大規模投資且生產要素較專業的企業，這一點更重要。② **需求條件**：國內市場的特定產業中提供產品或服務的需求條件。產品與服務的需求程度、要求的水準等，都是關注的重點。品質要求極高的國內市場需求，能促使企業持續提升競爭力，並且磨練企業的技術與行銷能力。③ **相關／支持產業**：國內產業的供給或支持業者是否擁有國際競爭力。實力堅強的供給或支持業者愈多，產業的競爭力愈高。④ **企業戰略、結構與競爭者**：取決於國內市場競爭對手之間的敵對關係。如果競爭關係激烈，將推動創新與提高國際競爭力。波特認為，日本在國際市場上能夠具備強大產業競爭力，是因為國內各企業之間競爭激烈。[14]

波特指出，這四項要因以外還有另外兩項必須補充：機會與政府。接下來章節將詳細說明。

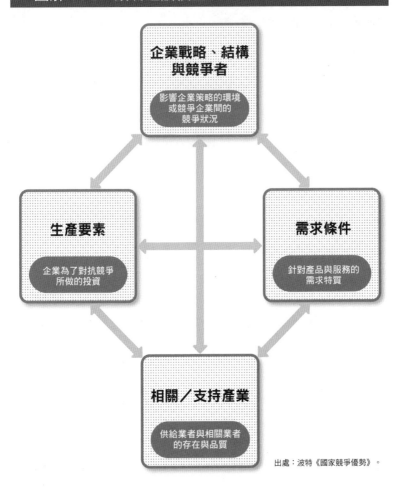

圖解 10-6　鑽石理論模型

企業戰略、結構與競爭者

影響企業策略的環境或競爭企業間的競爭狀況

生產要素

企業為了對抗競爭所做的投資

需求條件

針對產品與服務的需求特質

相關／支持產業

供給業者與相關業者的存在與品質

出處：波特《國家競爭優勢》。

鑽石理論模型可以用來分析國家競爭優勢，經過活用也能當做思考日本未來的工具。

103

機會與政府的角色
Role of Government

　　機會也是決定國家競爭優勢的因素之一。新發明誕生、技術突然飛躍進步、原物料成本劇烈變動、世界金融市場或匯率大幅震盪，甚至戰爭爆發也能算是機會。[15]另外一項要因是政府，政府對鑽石理論的四項決定性要因影響很大，而且也會受到這四項因素的影響而產生回饋。因為政府本來就有責任改善這些要因的環境，也會為了大型採購案向企業購買大量產品。不過，政府帶來的影響，可能是正面的，也可能是負面的。

　　正面的影響是什麼呢？波特提出，政府的責任就是從三個面向提高企業的競爭力：① **對變革的補助**；② **促進國內競爭關係**；③ **刺激創新**。[16]他還提出值得關注的具體建議，以下簡單說明其中幾點。首先，創造專業性要素的關鍵是熟練的勞動者，但現今高等教育水準還不足以提升國際競爭力。所以政府應該「因應產業需求打造高度專業化的條件」[17]。杜拉克也說過，高度專業化的知識型勞動者，是「下一個社會」絕對不可或缺的角色。波特還認為，政府要嚴格把關產品的安全性與對環境的影響，因為政府政策的影響力相當大。例如美國的氣體排放量規定嚴謹，就連極力減少氣體排放的本田公司，也在製造引擎時受到非常大的影響。如果政府能夠盡早為國際化標準做準備，勢必能夠對有效提昇高國際競爭力帶來正面效果。

圖解 10-7　四項決定性要因對政府的影響

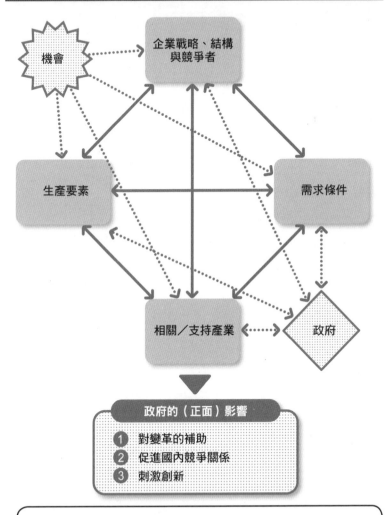

機會

企業戰略、結構與競爭者

生產要素

需求條件

相關／支持產業

政府

政府的（正面）影響

1 對變革的補助
2 促進國內競爭關係
3 刺激創新

政府的影響有正面的也有負面的，為了累積國家財富，政府應該致力追求正面的影響。

104

新型態的日式企業模型
New Model of Japanese Company

日本企業今後該如何提升國家競爭力？我們來整理一下波特的想法。[18] 首先，應該以長期觀點為基礎，建立獨有的策略。往後同樣必須提高營運效率，但也少不了策略定位。但實際上該怎麼做呢？我一再強調，絕對要透過徹底取捨達成差異化，還要抱持嚴謹的態度，選擇要做與不做的事，特別重要的是選擇不做的事。因為放棄需要很大的勇氣，但只有這麼做，才能創造出與競爭企業不同又明確的獨特性。

但是，日本企業真的有策略嗎？波特提出幾項質疑，其中之一，就是日本式企業模型的特徵：以共識來領導。經營企業時，達成共識很重要，但有時也會帶來壞處。獨特的策略定位，正因為夠獨特，經常必須捨棄非常多選項。要讓大家一起決定這種策略定位，非常困難。因為一定會有反對意見，使得決定一再拖延，等到所有人逐漸達成共識的時候，策略定位已經失去獨特性，成了平凡但安全的策略定位。從這個角度來看，企業如果想採取策略定位，勢必得和傳統的日本式企業模型分道揚鑣。

今後的日本不是靠政府支撐，為國家帶來財富的是企業。政府最多只能貫徹一件事：打造能讓方便企業活動的環境。企業的盛衰將決定日本的未來，企業與企業裡的員工，都背負著如此重大的社會期待。如果說這是波特留給我們的訊息也不為過。

圖解 10-7　四項決定性重要因素對政府的影響

日本企業

① 相信日本在幾乎所有領域，都能與其他國家競爭。

② 理解貿易自由化不會減少而會增加日本企業的國際競爭力。

③ 建構世界通用的大學制度。

④ 找出國內過時且效率差的產業，加以現代化。

⑤ 建構追求真正企業責任的制度。

⑥ 建構創新與創業活動相關的新模型。

⑦ 為了在國際競爭中取勝，推動地方分權化、產業群聚、
　構築叢聚。

出處：《波特看日本競爭力》。

 絕對不能忘記，企業可以為國家帶來財富，企業的生產力是國家財富的根源。日本的命運掌握在企業手上，如果企業失去活力，日本也沒有發展的指望了。

計畫性策略
與創新研發性策略

第 050 節提到的享利‧明茲伯格，他在著作《策略巡禮》中，說明策略分為計畫性策略和創發性策略。

☞ 事情是否按照計畫發展？

計畫性策略指遵循組織的任務或目標，達到成果的計畫（Plan）。它是用來定義將來的展望、組織的期許與應有的樣貌，並且明文記載策略的意圖。另一方面，創發性策略指的是，透過每一項行動累積經驗，從中學習並擬定的策略。

我們可以利用計畫性策略，實現當初的策略意圖，同時讓活動具有計畫性。然而，當檢視每一件策略意圖是否都能夠實現，就會發現事實並非如此。實際推動策略時，肯定會遇到難以如願的狀況，甚至有些策略根本無法實現。

碰到無法預期的環境變化時，或許改變做法才是上

策。有時，也可能在策略進行到一半的時候，發現更有效的做法。這些計畫性的策略，都會受到實現過程中的經驗與學習影響，進而修正為創發性策略，最後研擬出一套能夠實現的策略。

☞ 取得計畫與學習的平衡

由上述角度來思考，會發現這世上並不存在純粹的計畫性策略，創發性策略也同樣不是能夠單獨成立的策略。明茲伯格曾在《策略巡禮》這麼說：「策略要成立，必須先擬定計畫，同時融入創發性的想法。」事實的確也是如此。

但是，我們往往會陷入只重視計畫性策略，看輕創發性策略的窠臼。原因在於，企業大多優先採取上行下效的經營態度，忽略下層向上反應的意見。然而，一項有效率的策略，唯有取得雙方平衡的前提下才能成立，這可以說是最基本的原則。

跟科特勒學行銷

行銷是「滿足需要、創造利益」，提出如此精簡定義的人，正是人稱「現代行銷之父」的菲利普·科特勒。本篇將由行銷的基礎知識開始講解，並且同時提供科特勒提倡的最新行銷理論。

P h i l i p
K o t l e r

3

105

行銷就是「滿足需要、創造利益」

What is Marketing？

行銷到底是什麼？素有「現代行銷之父」之稱的菲利普‧科特勒[1]這樣說：「**用最簡短的方式定義行銷，就是『滿足需要、創造利益』**」。[2]

這麼簡單的定義，肯定讓不少人大吃一驚。行銷看似是難以理解的概念，但是用最精簡的敘述來說明，就是那八個字「滿足需要、創造利益」。其實，科特勒還有對這八個字的定義稍做說明，在此也提供給各位參考：「**行銷的意義，在於找出滿足目標市場需要的價值，並將價值提供給客戶，從中獲利。**」[3]

這句說明的確比「滿足需要、創造利益」更淺顯易懂。接下來，我們也聽聽看，科特勒的好朋友杜拉克對於行銷的定義：「**『行銷』的目的在於讓『販售』行為完全消失，在充分了解客戶的前提下，提供『完全符合客戶需要』的產品（或服務），藉由產品本身的特質把產品『賣掉』**」。[4]

科特勒在多數著作中，不斷提到杜拉克對行銷的定義，我認為杜拉克的定義，正是行銷的理想狀態。

圖解 11-1　行銷權威「美國行銷協會」（AMA）的定義

1935 年

行銷指的是，由生產者推動、將財物與服務流向客戶的所有經濟活動。
※AMA 前身機關的定義

▼

1985 年

行銷指的是，計畫、執行概念、定價、推銷並且推廣構想、商品與服務的一系列流程，藉此促成交易，進而滿足個人需求、達成組織目標。

▼

2004 年

行銷是組織功能，也是創造、溝通、傳遞價值給顧客，同時管理顧客關係，藉此為組織與利害關係者帶來利益的一系列流程。

▼

2008 年

行銷就是針對消費者、客戶、合作夥伴與整體社會，創造、溝通、傳遞與交換有價值的一系列活動、制度與流程。

出處：美國行銷協會〈美國行銷協會發布最新的行銷定義〉（The American Marketing Association Releases New Definition for Marketing，2008 年 1 月 14 日）。

 本節介紹許多定義，最重要的還是要記得「滿足需要、創造利益」。

106

行銷與創造客戶
"To Create a Customer" and Marketing

這一節將從企業整體活動的角度，探討行銷扮演的角色。

杜拉克說過，包含企業在內的所有組織，都是「社會機構」（第 003 節）。意思是，所有組織的目的都在於滿足社會、地區和個人的需求。那麼，該怎麼用其他說法表達「滿足需要」呢？杜拉克的說法是「創造客戶」（第 005 節）。只要是有需要的人，就是企業的潛在客戶。因此，滿足或回應需要，都是把客戶當作自家公司的無形資產。總而言之，企業是透過回應需要的行動來創造客戶。

杜拉克認為，創造客戶是企業的唯一目的。只有透過創造客戶，企業才能獲得收益並且永久存續。企業該怎麼做才能創造客戶呢？先前說明過，杜拉克的想法是，創造客戶的關鍵只有兩項：行銷與創新（第 006 節）。「行銷」是滿足既有需要的活動，而「創新」換個說法，就是創造至今不曾出現過的新價值。

請回想看看，把企業比喻成汽車的例子。汽車正朝向創造客戶的目標前進，此時引導方向的左右輪，正是行銷與創新。管理的角色在於操控輪胎的方向盤，而策略的功能則是指示方向。

當然，只有單邊輪胎的汽車絕對無法向前行進。因此，希望各位能夠理解，任何企業想要永續經營，行銷絕對是不可缺少的活動。

圖解 11-2　創造客戶的兩大關鍵

企業

包含企業在內的所有組織,存在目的都是
滿足社會、地區和個人的需求。

▼

企業的目的＝創造客戶

創造客戶的關鍵 ①

行銷
──因應需要──

創造客戶的關鍵 ②

創新
──創造新價值──

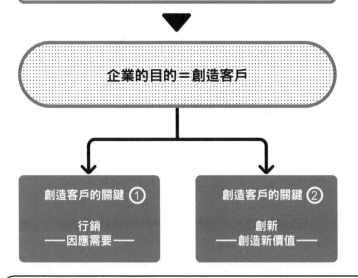

經營企業絕對不可缺少行銷和創新。如果需要左右兩邊
的輪子才能帶動企業前進,行銷代表的就是其中一邊的
輪子。

107

需要、慾望、需求

Needs, Wants, Demands

本書提過不少次「需要」。為了更加了解行銷，就必須深入探討「需要」的意義。科特勒曾說：「需要指的是『感到某種不足的狀態』」[5]。以此為基礎，科特勒表示，「需要」最原始的意義是，身為人類活下去必須備齊的事物。

另一方面，很容易與需要混淆就是「慾望」。慾望指的就是「需要的具象型態」[6]。因此，有需要的人的文化背景與個人特徵，都會讓「型態」產生極大的不同。以電鑽為例，它是能在牆上開洞的工具。當人們需要（或說是必要）「洞」，就會拿電鑽來打洞。所以，這個時候需要的是「（開）洞」而不是電鑽。電鑽可以「讓需要成為具象的型態」，也就是慾望。但是如果電鑽製造商把重心放在慾望上，誤以為「客戶想要電鑽」，最終將忽略客戶真正的需要。像這樣搞錯需要和慾望的狀況，就叫做行銷短視症（Marketing Myopia）。

其實，只要能夠滿足客戶的需要，任何東西都可能成為產品。科特勒將產品分為十個種類（見圖解 11-3）[7]。但是，有型態的慾望如果價格太高，客戶也無力購買。相反地，如果是買得起的價格，就會產生需求。簡單來說，慾望加上購買能力，就會產生需求。最後，唯有掌握住需求，才有可能實踐行銷活動原本的目的，也就是「滿足需要、創造利益」。

圖解 11-3 各種類型的產品

1 財產
具象有形的財物，多數產品都屬於這種類型。

2 服務
對客戶無微不至的盛情款待。混合著財產與服務的產品不少。

3 活動
演唱會、宣傳演出、運動賽事、戲劇、展示會等娛樂活動。

4 經驗
藉由組合財產與服務獲取的經驗。

5 人物
特定人物。典型的例子是演藝人員或音樂家。

6 場所
指的是特定場所、地區或國家。例如觀光區或商業區等，種類相當多樣。

7 資產
不動產或金融資產等商品的所有權。

8 組織
以滿足特定社會或個人需要為目標的統一個體。

9 資訊
紙本媒體或網路等提供的資訊。

10 創意
智慧。例如顧問就是憑藉豐富的智慧來發展事業。

產品的種類十分多樣，必須因應需要來考量最適合的選擇。

108

行銷的基本流程
Basic Process of Marketing

行銷有一套常規的流程,也就是下列五個階段:① 調查(R)→② 市場區隔、目標市場與定位(STP)→③ 行銷組合(MM)→④ 實施(I)→⑤ 管理(C)[8],科特勒稱為「R‧STP‧MM‧I‧C」。建議各位把這些行銷流程的簡稱背下來,日後還會經常看到。

① 調查(Research):分析行銷機會,也就是分析總體環境和個體環境。個體環境還要分析外部和內部環境兩個層面。② 市場區隔、目標市場與定位(Segmentation、Targeting、Positioning):一般稱為 STP,以分析結果為基礎,明確執行市場區隔、選擇目標市場並提供價值。③ 行銷組合(Marketing Mix):目的在於滿足 STP 所選擇的目標,並定下具體的行銷方案,整合多項行動。第 118 節將介紹利用 4P(產品、價格、通路、促銷)建構行銷組合是最常用的手法。④ 實施(Implementation)、⑤ 管理(Control):實際推動行銷組合,控制實行內容後進行評估,作為下一筆交易的回饋參考。

行銷的基本流程,是從 R 開始到 STP 的一連串行動,也是建構行銷策略的階段。建立 MM 之後,就進入行銷戰術的擬定與實踐階段。希望透過本章的解說,讓各位更深入理解行銷策略的各個階段。

圖解 11-4　行銷的基本流程

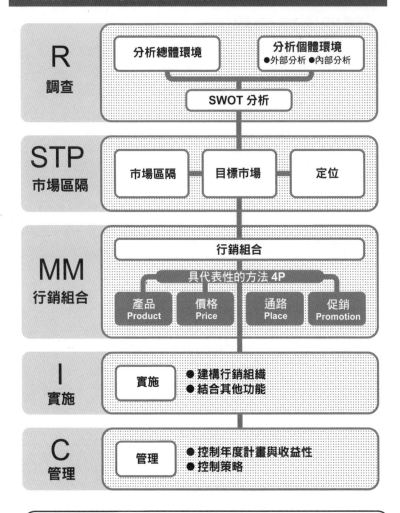

R
調查

分析總體環境

分析個體環境
●外部分析 ●內部分析

SWOT 分析

STP
市場區隔

市場區隔

目標市場

定位

MM
行銷組合

行銷組合

具代表性的方法 4P

產品
Product

價格
Price

通路
Place

促銷
Promotion

I
實施

實施

●建構行銷組織
●結合其他功能

C
管理

管理

●控制年度計畫與收益性
●控制策略

行銷的基本流程分為五個步驟，建議各位牢記關鍵字
「R、STP、MM、I、C」。

109

總體環境與個體環境

Macro and Micro Enviroments

第一個階段「調查」（R）是分析總體環境和個體環境。

分析總體環境，指的是分析社會全體相關重要因素，也就是人口動態、經濟、社會文化、自然環境、技術、政治及法律這六個項目。分析個體環境，則是聚焦於身邊的重要因素來進行分析，建議可以利用波特提倡的五力分析與價值鏈。

個體環境又可分為外部環境和內部環境。分析外部環境，可使用五力分析（五項競爭重要因素，見第 058 節），透過外部環境的五項要素（圖解 11-5 中），就能進行完整的分析：① 新加入業者；② 競爭業者（競爭企業）；③ 替代品；④ 買方；⑤ 供給業者（賣方）。

要分析內部環境，則可利用價值鏈（第 074 節）。企業產出的顧客價值，來自於各種活動的連鎖反應，波特稱為「價值鏈」（Value Chain）。

價值鏈由九項要素構成，大致又可分為主要活動和支援活動（圖解 11-5 下）。以此為基準分析企業內部環境，與業界標準和競爭企業的價值鏈相比，即可找出自家公司的優勢與弱點。

順帶一提，目前大眾一致認為，分析個體環境比分析總體環境更重要。這是因為，總體環境帶來的影響，肯定會波及所有企業，但個體環境會因為個別企業的定位，產生不同強度的影響。

圖解 11-5 分析總體環境和個體環境

分析總體環境的重要因素

人口動態重要因素
人口規模
各世代人口
各地區人口、人口密度

經濟面重要因素
GNP、GDP
匯率、利率
所得分布

社會文化重要因素
宗教
道德觀
文化價值觀

自然環境重要因素
國家與地區的自然環境
環境問題
環境保護上的限制

技術性重要因素
最新技術
技術專利
技術開發預算

政治與法律面重要因素
法律對產業的限制
政府對產業的補助
政府對市場的介入程度

五力分析

❶ 新加入業者
新加入業者帶來的威脅程度多寡？

❺ 供給業者
賣方的交涉能力好壞？

❷ 競爭業者
業者間敵對關係程度？

❹ 買方
買方的交涉能力好壞？

❸ 替代品
替代品與服務帶來的威脅程度多寡？

價值鏈

支援活動	全面管理（基礎建設）				
	人事資源管理				
	技術開發				
	採購				
	主要活動				利潤
	進貨物流	製造營運	出貨物流	市場行銷與販售	售後服務

☛ 針對政治、經濟、社會、技術的相關分析，稱為 PEST（Politics, Economics, Social, Technology）分析。

110

創新擴散理論
Diffusion of Innovations

　　想由個體角度分析外部環境，建議善用創新擴散理論。這套理論由美國創新理論學者埃弗里特‧羅傑斯（Everett M. Rogers）於半世紀前提出。他對創新的定義是「帶來新的感官知覺的事物」，[9] 也就是就是「新產品」。如果將創新的擴散和時間關係化為圖形，會先畫出一條緩和的曲線，有時曲線會突然急遽升降再漸趨平緩。這種曲線呈現 S 字，又稱為 S 型曲線。

　　羅傑斯認為，每個人擁有不同的創新性，造成採用創新的時間差異。他依照創新性的不同，將採用創新的人分為五類：① **創新者**；② **早期採用者**；③ **早期追隨者**；④ **後期追隨者**；⑤ **落後者**。因創新性的不同，導致採用創新的時間產生差異，所以才會形成 S 型弧線，羅傑斯認為這個形狀足以表達常態分布。標準常態分布可以看出偏離平均值的程度，也就是說標準差 [10] 在正負 1σ（sigma）之內，包含整體數值約 68％，2σ 則約包含整體數值的 95％。

　　利用常態分布圖表示創新採用者，呈現出的就是圖解 11-6。新產品上市時，首先整個市場中只有 2.5％的創新者採用（超出 -2σ 的左半部）。之後擴散到初期採用者，接著才是追隨者占多數的一般市場。這五種採用者各有特色，如果能了解現在的產品或市場處於 S 曲線的哪個位置，也會更容易擬定行銷策略。

圖解 11-6　S 型曲線與五種創新採用者

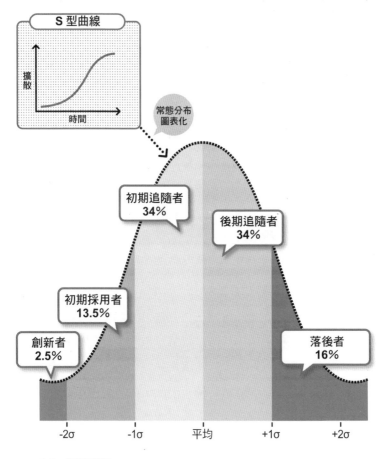

出處：《創新的擴散》。

埃弗雷特‧羅吉斯提倡的創新擴散理論，是分析個體環境的方法，非常實用。

111

市場的鴻溝
Chasm

　　針針對創新擴散理論的外部環境分析，行銷顧問傑佛瑞・摩爾（Geoffrey Moore）提出「鴻溝」[11]的概念。以高科技產品為例，無論是否造成空前話題，大多數都在還沒有滲透到一般市場就消失了。摩爾利用創新擴散理論說明原因，得到的答案就是「鴻溝」。高科技產業一開發出劃時代的創新產品，總有人會忍不住買來使用，他們就是創新者；有些人雖然晚了一步，但是也看出創新產品將對社會帶來的影響，他們就是初期採用者。當產品從創新者擴散到初期採用者，媒體就會開始採訪、報導，創新產品因此打入追隨者占多數的一般市場，過程看似相當順利。

　　但是，初期採用者和追隨者完全不同。初期採用者熟知科技、積極嘗試，希望能夠利用科技帶來變革；追隨者對科技並不是那麼熟悉，也沒有興趣，只希望產品使用方便或是能夠帶來利益，而且也只對這件事情感興趣。因此，如果想讓創新產品滲透進追隨者的市場，重點是使用上的便利性，以及能否直接與實際利益相連結，才能讓追隨者買單。於是，初期採用者與追隨者之間，形成了一道名為鴻溝（缺口）的裂縫。摩爾表示，高科技產品能在初期市場成功，卻在一般市場上失敗，是因為企業沒有努力說服追隨者，又怠於善用行銷來跨越鴻溝。如果得知目前自家公司正處於初期市場，推動行銷時就須謹記鴻溝的概念。

圖解 11-7　鴻溝與跨越鴻溝的方法

羅傑斯提出的
創新採用者分類

初期追隨者
34%

後期追隨者
34%

初期採用者
13.5%

初期採用者與初期追
隨者之間的巨大缺口

創新者
2.5%

落後者
16%

鴻溝

出處：《跨越鴻溝》。

跨越鴻溝
的方法

① 瞄準利基市場的目標。

▼

② 準備完整產品（Whole Product）。

▼

③ 善用口耳相傳。

▼

④ 成為利基市場龍頭企業後，進軍周邊市場。

☞ 分析的對象商品若處於初期市場，在決定行銷手法時，
必須考慮鴻溝的影響。

112

SWOT 分析
Strengths, Weaknesses, Opportunities and Threats

目前為止，已經介紹過總體環境和個體環境的分析手法，兩者彙整起來就是 SWOT 分析，請務必善加利用。SWOT 指的是「優勢」（Strengths）、「劣勢」（Weaknesses）、「機會」（Opportunities）和「威脅」（Threats）[12]，分別存在外部環境和內部環境。優勢和劣勢必須從企業內部環境觀察，機會和威脅則必須關注總體和個體環境在內的外部環境。

分析外部環境時，必須謹記分析總體環境的六項重要因素（第 109 節）、五力分析、創新擴散理論和鴻溝等概念。利用這些方法，將探討的重心放在尋找機會、發現潛藏的威脅。分析內部環境時必須善用價值鏈，將企業內部重要因素分類，利用各項目確認公司的狀況，或是和其他公司、業界平均值比較，還能明確找出自家公司的優勢是什麼、劣勢在哪裡。

這些資訊還可以整理成矩陣圖（見圖解 11-8）縱軸是「優勢」和「劣勢」，橫軸則是「機會」和「威脅」。接著，有兩點必須注意：① 能夠善用自家公司優勢的機會在哪裡？② 對自家公司直接造成劣勢的威脅是什麼？抓住機會善用優勢，獲得豐富成果的可能性就會提高，絕對不能錯過。而直接造成劣勢的威脅攸關企業存亡，必須謹慎研討對策。這些情況都能藉由 SWOT 分析進一步擬定策略。

圖解 11-8 SWOT 分析矩陣

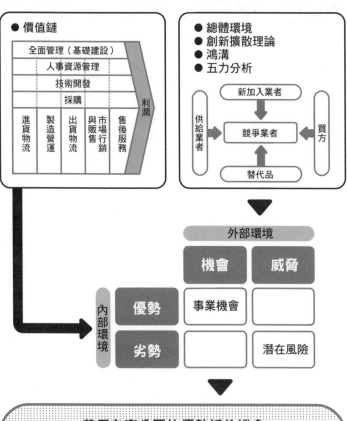

重點在於利用 SWOT 分析結合價值鏈和五力分析,從中找出自家公司的事業機會與潛在風險,進而研擬相關策略。

113

市場區隔：依共通需要編列群組

Segmentation

接下來，我們要討論市場區隔、選定目標市場和定位（STP）。首先，從「S」講起。面對單一市場，大量製造產品銷售的做法稱為「大規模行銷」，在做多少就能賣多少的年代的確相當有效。但是，隨著社會漸趨成熟，人們的需要也變得更多元，大規模行銷的能耐終究有限。所以，更有效的方法是：依照具有共通需要的群組細分市場，再配合細分後的客戶需要，提供完全合適的產品，藉此提高成功的可能性。

細分市場的活動稱為「市場區隔」，細分之後的市場稱為子市場，重點在於如何設定細分市場的基準。最具代表性的基準請見圖解 11-9 [13]，其中可以看到，近年有不少企業都把重心放在行為變數。舉例來說，依照客戶對企業或品牌的忠誠度來細分顧客，就稱為「忠誠度區隔」（第 121 節）。顧客的忠誠度，就是顧客對企業和品牌展現的忠誠心。

此外，最有名的消費心理因素分析方法，是史丹佛調查研究所（SRI）開發的 VALS，能透過消費者價值觀細分市場、分析消費行為。還有一套 Japan-VALS，是配合日本市場開發的分析法，廣泛利用於新產品導入或建立、刷新品牌形象等場合。這套方法以羅吉斯提出的創新擴散理論（第 110 節）為基礎，將日本的消費者依照三種動機分為十個群組（見圖解 11-9）。

圖解 11-9　市場區隔的基準

① 人口統計（Demographics）變數
年齡、性別、世代規模、家庭生命週期、所得、職業

② 地理性變數
地區、都市、人口密度、氣候

③ 心理統計（Psychographics）變數
生活型態、人格特質

④ 行為變數
使用頻率、利潤、使用者狀態、使用比例、使用狀態、忠誠度、購買認知階段、對產品的態度

⑤ 產品、服務的屬性變數
產品、服務的品質、性能、尺寸、造型

Japan-VALS 生活型態市場區隔

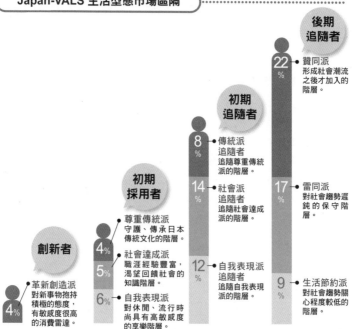

創新者

革新創造派
對新事物抱持積極的態度，有敏感度很高的消費雷達。 4%

初期採用者

尊重傳統派
守護、傳承日本傳統文化的階層。 4%

社會達成派
職涯經驗豐富，渴望回饋社會的知識階層。 5%

自我表現派
對休閒、流行時尚具有高敏感度的享樂階層。 6%

初期追隨者

傳統派
追隨者
追隨尊重傳統派的階層。 8%

社會派
追隨者
追隨社會達成派的階層。 14%

自我表現派
追隨者
追隨自我表現派的階層。 12%

後期追隨者

贊同派
形成社會潮流之後才加入的階層。 22%

雷同派
對社會趨勢遲鈍的保守階層。 17%

生活節約派
對社會趨勢關心程度較低的階層。 9%

出處：Strategic Business Insights 官網（http://tokyo.strategicbusinessinsights.com/programs/vals/a.html）。

 近年來，以心理或行動上的變數為基準，進行市場區隔的例子愈來愈多。以日本市場為對象的 Japan-VALS，則將消費者分為十類。此外，市場區隔也能用來分析買方。

114

選定目標市場

Targeting

　　進行市場區隔可以細分出幾個小市場，以此決定最合適的市場（子市場）就叫做「選定目標市場」（Targeting），選出的子市場則叫做「目標市場」。此時必須牢記以兩大原則：① **子市場必須具有魅力**；② **確定自家企業具備在這個子市場成功的能力**。[14] 在這之下還有幾項小標準（見圖解11-10），不過重點還是在於選出最適合自家公司的子市場。

　　先從原則①看起。首先應該確認子市場的規模，規模愈大愈有機會獲得高獲利。子市場的成長性也值得關注，即使現在規模還小，如果成長潛力值得期待，魅力自然會提高許多。也得注意結構性的魅力，如果某市場的加入阻礙低、退出的阻礙極高，競爭對手將蜂擁而至而且只增不減，這種條件會降低市場的結構性魅力（第091節）。此外，穩定、可預估的規模經濟，以及熟悉後可降低成本的學習曲線效果等，都是有魅力的條件。

　　討論市場魅力的時候，應該把原則②列入考慮。選定目標市場的小標準當中，相對市占率也很重要。自家公司在某個子市場的市占率愈高，對競爭愈有利。價格競爭力是否比其他公司更高，也是判斷的重點。而且，如果自家公司對某個子市場有透徹的了解，在競爭時也會更有利。針對各項條件進行綜合判斷後，請選出比競爭企業更有優勢的目標市場。

圖解 11-10　選定目標市場的基準

外部重要因素

子市場的魅力所在

主要基準

- 規模
- 成長性
- 子市場內結構性的魅力
- 穩定性
- 規模經濟
- 學習曲線
- 企業目標與經營資源

內部重要因素

企業必須握有可以在這個子市場成功的能力

主要基準

- 企業的能力
- 相對市占率
- 價格競爭力
- 服務、專案的品質
- 對客戶與市場的了解
- 行銷活動是否有效
- 地理因素

選定目標市場的五種型態

P：產品　**M**：市場

單一子市場集中化

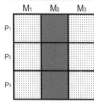

選擇性專業化

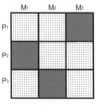

產品專業化

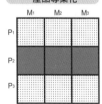

市場專業化

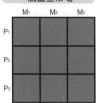

涵蓋全市場

出處：《行銷管理》。

☞ 請記得選定目標市場的這五種型態。

115

市場定位
Positioning

「定位」是著名行銷大師（Marketer）傑克‧區特（Jack Trout）與阿爾‧里斯（Al Ries）在 1970 年代末提出，指的是和競爭產品比較後，明確找出自家公司產品在市場上所處的相對位置。定位的時候，不是以產品為目標，更重要的是關心產品在目標客群心中的定位。關於這一點，區特表示：「商品在客戶心中具備的獨特性，就是定位最原始的意義。」[15]

簡單來說，定位帶來的獨特性，必須最優先考量客戶的觀點，而不是站在企業的角度來定義。科特勒也提出了，可以明確建立定位的方法（重點在括弧裡）：「**我們希望（目標市場）能夠（將我們提供的產品）看成是（淺顯易懂的陳述），並覺得它比（競爭產品）更加重要、更有幫助。**」[16] 運用這套方法定位產品的案例，請見圖解 11-11。

一旦決定市場定位後，就必須貫徹目標，站上子市場的龍頭位置。經營顧問麥可‧崔西（Michael Treacy）和傅瑞德‧威瑟瑪（Fred Wiersema）認為，龍頭企業應該在下列三項基準其中之一獲得最高評價：① **經營實務層面的卓越性**；② **具領導地位的產品**；③ **與客戶的親密性**。[17]

請謹記科特勒的基本框架，並且配合這三項基準，貫徹站上龍頭地位的目標。

圖解 11-11　明確的市場定位案例

案例：新型平板電腦的定位

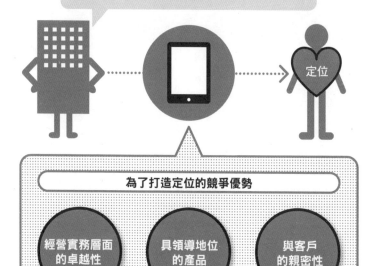

我們希望「30 世代的商務人士」
能夠「將本公司的新型平板電腦」
看成是「能夠自由變化內容的數位 A4 文件」，
並覺得它比「現有的平板電腦」更加重要、更有幫助。

定位

為了打造定位的競爭優勢

經營實務層面
的卓越性

具領導地位
的產品

與客戶
的親密性

另外還有品質、特徵、技術、價格、重要性、獨特性、
卓越性、傳達性、先制性、收益性。

為了找出定位，必須活用基本框架。此外，還必須考量
競爭優勢。

116

賈伯斯的矩陣思考法
Jobs's Matrix Thinking

　　2011 年辭世的蘋果公司共同創辦人賈伯斯 [18] 充滿傳奇色彩。他重回蘋果公司後，大膽簡化產品線，至今仍讓人津津樂道。賈伯斯在 1996 年底回到蘋果公司。當時，蘋果公司光是麥金塔電腦就超過十種，而且都以數字命名，如 8500、9600 等，連粉絲都難以辨識。賈伯斯靈活運用矩陣思考，整理當時的產品線（見圖解 11-12），最後成功讓 STP 的工作極度簡化。

　　首先，賈伯斯將市場上的使用者，大致分為兩種類型：一般使用者、專家，再將產品分為桌上型和可攜式。如圖解 11-12，將兩類使用者和兩種產品放在矩陣的縱軸與橫軸。接著，賈伯斯說：「每一個象限開發一種傑出的產品，總計四項產品。」[19] 於是，這些產品因應而生：① 一般使用者 × 桌上型 = iMac；② 一般使用者 × 可攜式 = iBook、③ 專家 × 桌上型 = PowerMac G3；④ 專家 × 可攜式 = PowerBook G3。

　　賈伯斯藉由矩陣思考，將市場分為四類，正是 STP 的市場區隔實例。他針對四個子市場的目標客群，分別開發適合的產品，就是在選定目標市場。他更進一步要求開發部門，必須做出讓目標客群覺得「太棒了！」的產品，換句話說就是市場定位。蘋果公司完成四項傑出的產品後，業績迅速扶搖直上。這一切都歸功於賈伯斯採用矩陣思考來實施 STP，這麼說也並不為過。

圖解 11-12 賈伯斯的矩陣思考實例

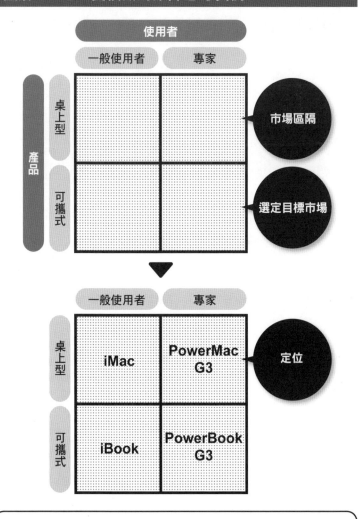

 賈伯斯利用矩陣思考推動 STP，讓蘋果公司得以起死回生。

117

水平行銷：滿足沒被注意到的需要
Lateral Marketing

　　進行市場區隔、選出目標市場並決定位，就是策略性行銷不可或缺的活動：STP。但是，STP 其實潛藏著一些問題。採用 STP 的傳統行銷手法，一開始必須定義市場，以此為基礎進行市場區隔，捨棄不需要的部分、決定目標市場並執行定位與行銷組合[20]（第 118 節）。科特勒把這樣的行銷方法稱為「垂直行銷」（Vertical Marketing）。

　　垂直行銷除了追求更有效率的營運策略（Operation）之外，遇到不需要的部分也會全部捨棄。但是，捨棄掉的要素當中，也可能潛藏著絕佳的機會。針對這一點反省後，有人提出與垂直行銷完全相反的水平行銷（Lateral Marketing）。[21]

　　水平行銷使用的是水平思考（Lateral Thinking）。這種創意性構思法，是由創造性開發的最高權威愛德華・狄波諾（Edward de Bono）[22] 提出，特徵在於分解已構成框架的既有資訊，找出新框架以建構新的想法。水平思考的目的不是找出最佳框架，而是盡量找出更多框架。目前的最佳框架經過時間洗禮，將會變得不合時宜，一旦遇上一籌莫展的情況，水平思考便可發揮威力，打破僵局。不過，我們也不能斷言接下來絕對是水平行銷當道，這兩種行銷方法應該相輔相成。雖然現代行銷的基礎是 STP，建議各位在推動行銷時，也不忘靈活運用水平思考。

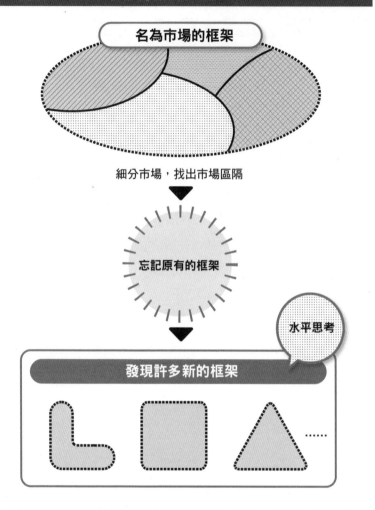

圖解 11-13　水平行銷的做法

名為市場的框架

細分市場，找出市場區隔

忘記原有的框架

水平思考

發現許多新的框架

 當市場已經飽和，可嘗試使用水平行銷的做法。別忘了，水平行銷和 STP 可以互相支援、相輔相成。

118

行銷組合：產品、價格、通路、推廣
Marketing Mix

　　行銷組合指的是企業進行行銷活動時使用的方法、各種活動或是相關行為的總稱。最正統的行銷組合就是傑洛姆‧麥卡錫[1]在 1960 年代提出、由四項要素來探討行銷的行銷 4P：

　　① **產品（Product）**：行銷的對象，也就是財產與服務。評估要素首重功能與品質，品牌、包裝、保固和售後服務等也包含在內。針對這些要素實施綜合性的計畫，就是「產品」。② **價格（Price）**：客戶對產品或服務願意支付的代價。以往訂價的基本原則是將獲利加入成本。但近年來，以產品和服務的價值為基準來訂價，才是一般對客戶可接納的方式。③ **通路（Place）**：產品交到客戶手中的過程，也就是物流、大盤商、零售商等整體活動，也可單純看成是物流。此外，企業將自身創造的價值交到客戶手上的所有環節，也稱為「供應鏈」（Supply Chain，見第 129 節）。④ **推廣（Promotion）**：廣告、公關、促銷和人員銷售等活動的總稱，主要是為了讓客戶了解產品價值，並且在認識產品的同時，引起購買慾，進而採取行動，實際購買。

　　其實，很久之前就有人提出，只以 4P 作為行銷組合的要素還不夠。因此，在 4P 之外又加上⑤ 氛圍、⑥ 過程和⑦ 人員，構成行銷 7P。[2] 希望各位能夠從 4P 演進到 7P，建立綜合性的行銷組合。

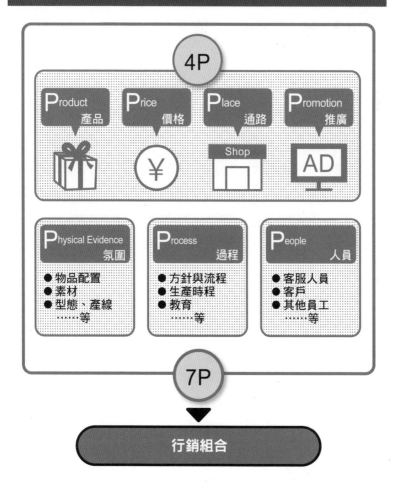

 行銷組合的基礎是 4P，但是從 7P 的觀點切入，更能實現綜合性的行銷組合。

119

從 4P 到 4C
From 4Ps to 4Cs

　　杜拉克對行銷的定義是：提供完全符合客戶需要的產品，藉由產品本身的特質把產品賣掉（第 105 節）。另一方面，希望各位能夠留意，第 118 節提到的 4P，只代表產品供應方的想法。

　　想要做「完全符合客戶需要」的產品，非得從客戶的觀點來看 4P 才行。所以從客戶的視角為出發點的行銷理念日漸受到重視，形成從 4P 轉換為 4C 的觀點：[3] ① 產品→解決方案（Customer Solution）；② 價格→成本（Customer Cost）；③ 通路→便利性（Convenience）；④ 推廣→溝通（Communication）。

　　對客戶而言，產品是可以滿足需要的解決方案，也是問題的解答；產品價格就是成本；通路會影響產品是否容易取得，也就是便利性；推廣就是傳達產品的相關資訊。像這樣站在客戶的立場思考行銷組合、提供價值，就是重視買方需求的行銷理念不可或缺的環節。然而，現代的行銷不能只重視買方需求，還必須將客戶視為全人，了解他們具有思考能力（Mind）、情緒起伏（Heart）並追求精神層面的滿足（Spirit）。科特勒把這種態度稱為行銷 3.0（第 141 節），要推動行銷 3.0，最重要的就是 3i 模型（第 148 節）。所以，3i 模型可以說是最上層的概念，以 4C 觀點為背景，這就是最合適行銷 3.0 時代的行銷組合。

圖解 12-2　4P ／ 4C 與 3i 模型

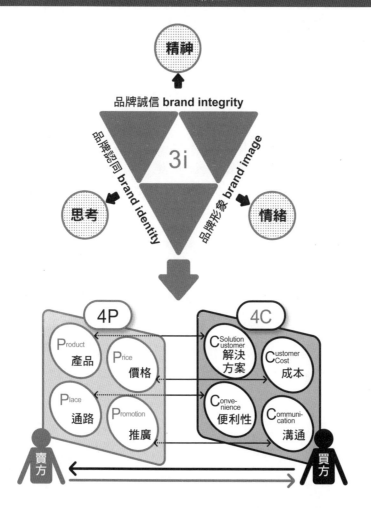

 行銷 4P 改為買方觀點就是 4C。企業必須由買方觀點 4C
來研究行銷，進而實施 4P，這個步驟十分重要。

120

顧客價值分析
Customer Value Analysis

　　本書經常提到「價值」這個詞，請把它想成是「顧客價值」即可。它的意義，就如同字面意思，代表客戶對價值的認知。不過，顧客價值到底是什麼？4C 當中提到「產品＝解決方案」，由此可知，針對客戶需要解決的問題，提出極佳的解決方案，就是對客戶有價值的事物。但是，再怎麼傑出的方案，如果產品價格過高，客戶就無法負擔。而且，如果沒有完善的通路，客戶也無法取得產品。還有，產品送到客戶手上之前，還必須將自家公司提供的方案資訊傳達給客戶才行。

　　從這幾點來思考，企業必須滿足一定的 4C 條件，客戶才會承認方案的價值（顧客價值）。換個方式來說，行銷組合就是讓客戶認同價值的活動。如果想創造有效的顧客價值，必須先理解呈現顧客價值的基本方程式：顧客價值＝顧客利益－顧客成本[4]。

　　客戶透過某項產品得到的利益（Benefit），減去取得這項產品的成本（Cost），得到的就是顧客價值。根據這個方程式，我們可以得知提高顧客價值的三種方法：提高顧客利益、降低顧客成本、同時提高顧客利益和降低顧客成本。圖解 12-3 以圖示表達顧客利益和顧客成本的關係，不論是提高顧客利益或降低顧客成本，都必須就圖解中舉出的要素一一討論。此外，創造出比競爭對手更高的顧客價值，實際獲得的成果正是「創造客戶」。

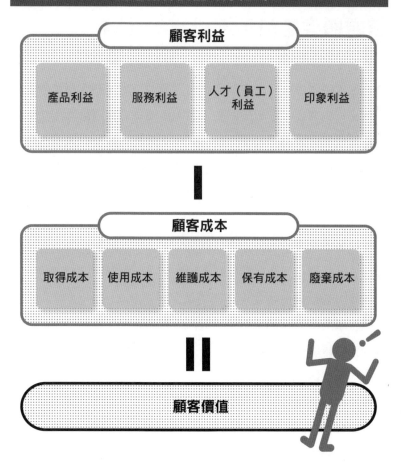

圖解 12-3 創造顧客價值的方程式

顧客利益

| 產品利益 | 服務利益 | 人才（員工）利益 | 印象利益 |

顧客成本

| 取得成本 | 使用成本 | 維護成本 | 保有成本 | 廢棄成本 |

顧客價值

 想提高顧客價值有三種方法：① 提高顧客利益、② 降低顧客成本，③ 同時達成①和②。

121

依照顧客忠誠度進行市場區隔
Customer Loyalty

提高顧客價值，顧客滿意度自然隨著提高，顧客也會對產品懷抱特殊的情感，不輕易變心，傾向持續選擇相同品牌。像這樣對企業或品牌表現出忠誠，還不斷再次購買，甚至介紹新客戶，這些行為都可以統稱為「顧客忠誠度」。由美國經營學者厄爾‧薩瑟與詹姆斯‧海斯科特等人推算的結果可知，提高顧客忠誠度5%，企業的利益將增加 25 ～ 85%。[5]所以，想增加企業的獲利，提升顧客忠誠度是絕對必要的條件。

薩瑟和海斯科特也建議用數值來表達顧客滿意度和顧客忠誠度，往後便能依此進行市場區隔（圖解 12-4）。[6]首先，找出顧客滿意度和顧客忠誠度數值都偏高的顧客，並且分類為愛好者。表現特別狂熱的愛好者，則列為信徒和擁有者。企業必須努力對這兩類顧客提供優質服務，以維持他們的忠誠度。另一種類型的顧客是忠誠者，顧客滿意度也很高，但忠誠度略嫌不足。面對這種類型的顧客，企業的首要任務就是擬定中長期計畫，讓他們成為信徒或擁有者。

此外，滿意度和忠誠度都偏低的顧客則屬於傭兵。滿意度和忠誠度都達到最低數值的顧客，甚至可能成為敵對者，也就是對企業產品抱持高度不滿的人。近年來，網路迅速發展，任何人都能輕易匿名散布資訊詆毀他人，因此，防範敵對者也很重要。

圖解 12-4　顧客滿意度與顧客忠誠度

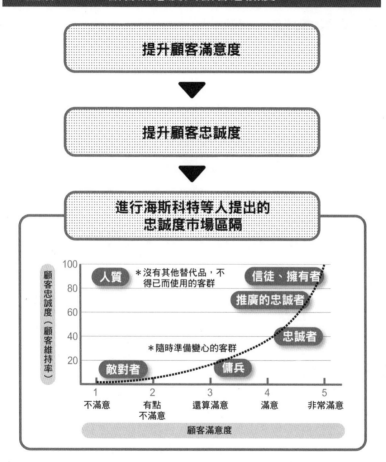

提升顧客滿意度

▼

提升顧客忠誠度

▼

進行海斯科特等人提出的
忠誠度市場區隔

顧客忠誠度（顧客維持率）

人質　＊沒有其他替代品，不得已而使用的客群

信徒、擁有者

推廣的忠誠者

忠誠者

＊隨時準備變心的客群

敵對者　　傭兵

| 1 | 2 | 3 | 4 | 5 |
| 不滿意 | 有點不滿意 | 還算滿意 | 滿意 | 非常滿意 |

顧客滿意度

從上圖可以看出顧客滿意度和顧客忠誠度的關係，也可以注意到企業必須同時增加「信徒」或「忠誠者」，並避免產生「傭兵」或「敵對者」。

122

產品的本質
Basics of Product Tactics

　　提高顧客價值、顧客滿意度、顧客忠誠度的過程中，「產品＝解決方案」的影響力極大。因為產品不只是工廠製造的物品，還包括財產、服務、經驗或活動等多種型態，共通特徵主要分為兩個面向：**企業附加於產品的功能價值；顧客從產品獲得的顧客價值**。此外，功能價值分為三個層級[7]，顧客價值分為五個層級[8]，各層級錯綜複雜，但都是能夠滿足顧客需要的利益組合。

　　圖解 12-5 是由「企業提供的功能價值」和「客戶獲得的顧客價值」兩個面向來檢視產品。它們的核心精神都是滿足客戶的需要和慾望，這都是客戶能夠獲得的基本利益，也稱為核心利益（核心產品）。企業在核心利益的基礎上，加上品質、特徵、設計、品牌與包裝等，就形成產品。此外，企業還會提供保固、安裝、售後服務、配送、分期付款等附加功能，才讓產品上市。

　　然而，對客戶而言，最低限度的核心利益就是產品，透過產品能夠獲得最基本的滿足（基本產品），並且視為理所當然，所以通常會期待獲得核心利益以上的價值。因此，愈符合期待的價值，就愈能提高顧客滿意度（期待產品）。還有些產品具備超出期待的特徵（膨脹產品），其中也包括在未來能夠提供所有價值的產品（潛在產品）。因此，擬定產品策略時，必須專注於將三項功能價值轉換為五項顧客價值。

圖解 12-5　產品的三項功能價值與五項顧客價值

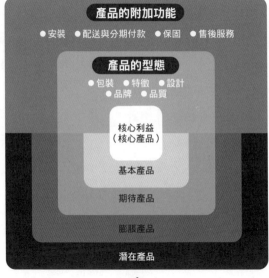

企業

產品的附加功能

●安裝　●配送與分期付款　●保固　●售後服務

產品的型態

●包裝　●特徵　●設計
●品牌　●品質

核心利益
（核心產品）

基本產品

期待產品

膨脹產品

潛在產品

功能價值

顧客價值

顧客

 企業賦予產品的功能價值，必須讓顧客認可為顧客價值，
能否順利達到這項目的極為重要。

123

服務的本質
Basics of Service Tactics

服務指的是「一方對他方提供的行為或行動，所以本質上並無實體，也不構成所有權」[9]。雖然服務和占產品大部份的財產（第 107 節）特徵相異，兩者的關係密不可分，相互結合形成顧客價值的例子非常多。科特勒舉出四項服務的特徵：① **無形性（Intangibility）**；② **不可分割性（Inseparablity）**；③ **異質性（Heterogeneity）**；④ **易逝性（Perishability）**。

尚未購入的服務看不到、摸不著，也無法品嚐（無形性）；服務無法與提供者分割，也與接受者密不可分（不可分割性），服務提供者的態度會嚴重左右服務的品質；服務提供者以及實施服務的時間、地點等因素，也會對服務品質造成變化（異質性）；服務很快就會消滅，無法留存到日後使用（易逝性）。[10]

想提高服務的品質，7P 是很重要的方法。7P 是由 4P：產品、價格、通路、推廣加上氛圍、過程和人員構成（第 118 節）。由於服務的無形性特徵，客戶會從其他實物判斷服務是否值得信賴。以委託記帳士處理事務為例，我們或許會去調查對方的住所或辦公室作為評估的依據，這就是所謂的氛圍。記帳士的工作情況、風評和員工表現也必須注意，這些就是過程和人員。服務就是考量 4P 加上這三個要素的成果，因此，覺得服務周到的客戶，一般來說顧客忠誠度都比較高（第 121 節）。

圖解 12-6　服務的特徵

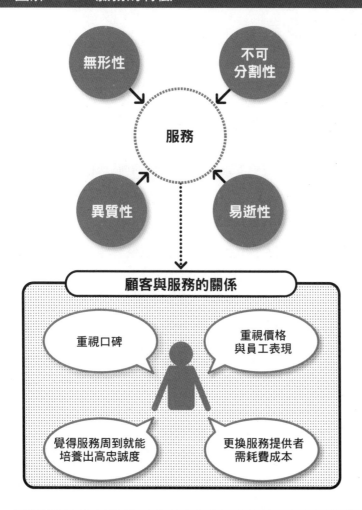

擬定服務的時候，必須關注 4P 加上氛圍、過程和人員形成的 7P。

124

服務利潤鏈
The Service Profit Chain

　　如果想提高服務品質，必須慎重擬定 7P 策略。其中，「人員」更是影響服務品質的關鍵，想必很少人會有異議。接下來，我要介紹一套有點特別的行銷理論，是把焦點放在人員身上，叫做服務利潤鏈，提倡者是第 121 節提過的薩瑟和海斯科特。[11] 他們認為「人員」是服務的關鍵，加以活用一定能提高公司內部的服務品質，也就是企業提供給員工的服務品質。

　　提高公司內部的服務品質，員工滿意度應該也會隨著升高，對企業的忠誠度和生產力勢必也會改善。他們推測，員工滿意度愈高，也會反應在提供給顧客的服務品質上。提高顧客服務品質，相當於提高顧客價值以及顧客滿意度。這個流程帶來的貢獻，除了提升顧客忠誠度，最終會回饋到營業額與獲利率上頭。提升公司內部的服務品質，就好像蝴蝶效應，輾轉到最後肯定能提高企業獲利。薩瑟和海斯科特把獲利、顧客忠誠度和員工滿意度相互影響的關係，稱為服務利潤鏈。

　　不過，講到服務業就會想到三個行銷類型 [12] 顧客導向的外部行銷（External Marketing）、針對員工實施的內部行銷（Internal Marketing）、員工與顧客接觸時必須注意的互動行銷（Interactive Marketing）。以服務利潤鏈為前提，這三種行銷類型當中，第一個重點就是內部行銷。

圖解 12-7 服務利潤鏈與三種行銷

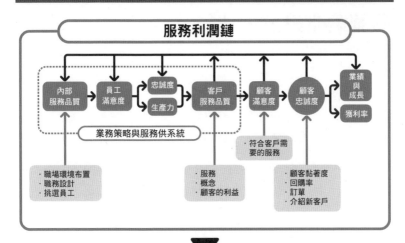

服務利潤鏈

內部服務品質 → 員工滿意度 → 忠誠度／生產力 → 客戶服務品質 → 顧客滿意度 → 顧客忠誠度 → 業績與成長／獲利率

業務策略與服務供系統

· 職場環境布置
· 職務設計
· 挑選員工

· 服務
· 概念
· 顧客的利益

符合客戶需要的服務

· 顧客黏著度
· 回購率
· 訂單
· 介紹新客戶

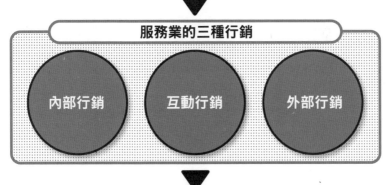

服務業的三種行銷

內部行銷　　互動行銷　　外部行銷

想提高顧客忠誠度，
必須從內部行銷做起！

服務利潤鏈不只適用於服務業，只要掌握其中精髓，應該可以運用在所有行業裡。

125

品牌策略與三大功能
Brand Strategy

產品是由核心利益、產品型態和附加功能這三個層級構成（第 122 節）。在產品型態這個層級，品牌占有重要的地位，而品牌又具備三大功能：① **識別功能**：品牌可以用來分辨自家與其他公司的產品，形式包含名稱、語言、符號和象徵性的設計。有了品牌，客戶才能辨識特定企業和產品。品牌的起源是過去在家畜身上烙印，以辨別自己和別人的家畜，因此，品牌原本的就是用來建立識別度。

② **保證功能**：品牌還能向買方提供保證，確保企業提供的產品與服務經常具有一定的利益。對買方而言，保證功能是一種安全網（safety net）機制。選擇特定品牌的當下，就能預先想像從產品或服務獲得的利益。

③ **回想功能**：買方可以藉由品牌想起各式各樣的印象，例如商品所屬的範疇（Category）、不同品牌之間利益和價值的相異之處、文化背景等。這些印象都來自客戶過去到現在不斷累積的經驗，而且，參考回憶中的資訊，可以節省選擇產品時所需的時間和成本。

科特勒認為：「歸根究柢，品牌必定會留存於消費者心中。雖然品牌一直存在於現實生活，卻會在消費者心中形成知覺和固執。」[13] 這一點，的確毫無疑問。

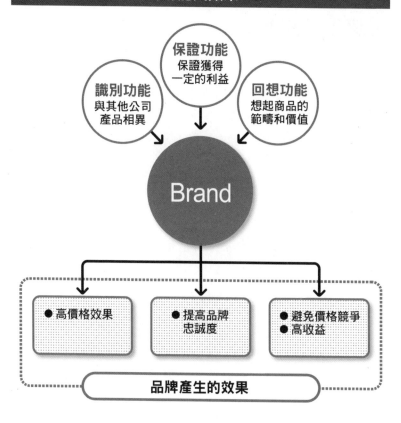

圖解 12-8　品牌的功能與效果

保證功能
保證獲得
一定的利益

識別功能
與其他公司
產品相異

回想功能
想起商品的
範疇和價值

Brand

● 高價格效果

● 提高品牌
忠誠度

● 避免價格競爭
● 高收益

品牌產生的效果

如果品牌印象優良，即使價格稍高，人們還是會傾向選擇這個品牌，這種情況稱為高價格效果。此外，品牌的效果如上圖所示。

126

品牌權益策略
Brand Equity Strategy

　　品牌策略權威大衛・艾克（David Aaker）[14] 對品牌權益的定義是「結合品牌名稱或象徵的資產負債整合」[15]。也就是說，只要把品牌權益想成品牌的總價值即可。艾克指出，品牌權益是由下列五項資產構成。

　　① **品牌忠誠度**：顧客對品牌持抱的忠誠，忠誠度愈高， 改用其他品牌的可能性愈低，也可以說就是品牌權益的核心價值。

　　② **品牌認知**：指的是提到特定範疇時，顧客認定或馬上想起的品牌。最理想的情況就像「○○啤酒最青」這種廣告文案，讓顧客馬上想起自家公司的品牌。

　　③ **知覺品質**：指的是以顧客知覺為標準的綜合性品質。除了產品和服務的基本功能，廣告、價格、品牌形象等品牌相關的「所有無形感受」，都是構成知覺品質的要素。

　　④ **品牌聯想**：從品牌聯想到的所有記憶。指的是買方面對品牌時，能想起的所有知識、情感或印象。

　　⑤ **其他具備所有權特性的品牌資產**：如商標或專利這種法定所有權保護的資產。

　　提高這五項資產價值，等同於提高品牌權益，所以得仰賴品牌權益策略。因此，企業必須明確設定聯想到自家品牌的情境，整合品牌權益，努力構築品牌認同，才能更加深入滲透市場。

圖解 12-9　提高品牌權益

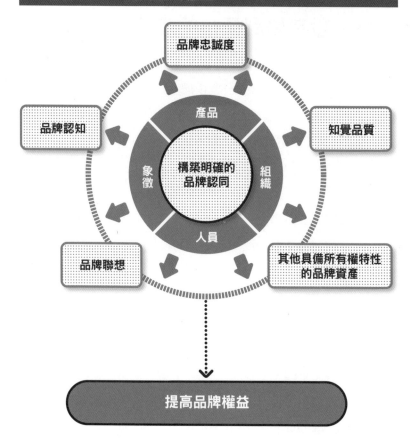

- 品牌忠誠度
- 品牌認知
- 知覺品質
- 品牌聯想
- 其他具備所有權特性的品牌資產

產品

象徵　構築明確的品牌認同　組織

人員

提高品牌權益

只有從產品、組織、人員、象徵的觀點出發，才能夠提高構成品牌權益的五項要素。

127

訂價：設定獲利價格的步驟
Pricing

科特勒曾說：「價格是唯一能夠產生獲利的行銷組合要素。」[16]確實如此，產品、通路和推廣等行銷組合要素都只會產生成本。而且，獲利減去成本就是企業的獲利。因此，為了獲利，訂價對企業而言是會影響決策的重要因素。科特勒又提到，訂價步驟可分為六個階段：

① **明確釐清訂價的目的**：找出明確的目的，是以企業存亡作為賭注，或是以圓滑的態度滲透市場。

② **判斷需求**：分析需求對市場價格彈性帶來的影響。價格彈性是衡量價格變動造成需求變動的幅度，價格上漲但需求並未大幅下跌，就是無彈性需求，反之則是彈性需求。

③ **評估成本**：預估提供產品必須花費的成本，同時進行④。

④ **分析競爭同業的成本、價格和報價**：報價是指競爭同業產品可為顧客提供的價值。如果自家公司的產品具備競爭商品沒有的價值，或許就能訂定較高的價格。

⑤ **選擇設定價格的方法**：傳統的訂價法是成本加上利潤，稱為加成訂價法（Markup Pricing），目前多數企業採用以顧客知覺價值決定價格的方法，稱為知覺價值訂價法（Perceived-Value Pricing）。常見的訂價法有六種，詳見圖解 12-9。

⑥ **選定最終價格**：從更精確的價格帶中決定最終價格。

圖解 12-10 具有代表性的六種訂價方法

1 加成訂價法（Markup Pricing）

以產品成本加上利潤來設定價格。一般獲利率大約設定為 10 或 20%，以成本計算加成來設定價格。

2 目標報酬訂價法（Target Return Pricing）

以目標投資報酬率（Return on Investment，ROI）為基礎設定價格，計算公式如下：
目標報酬價格＝單位成本＋（期待報酬 × 投入資本）／銷售量

3 知覺價值訂價法（Perceived-Value Pricing）

以客戶願意為產品支付的金額為前提來設定價格。
豐田汽車從以前就採用知覺價值訂價，再從中研擬降低成本的對策。

4 超值訂價法（Value Pricing）

以高 CP 值做為訂價原則，期望藉此贏得客戶忠誠度。這是自有品牌（private brand）經常採用的方法。

5 現行價格訂價法（Going-Rate Pricing）

參考競爭同業的訂價，藉此設定更具競爭力的價格。不過，這樣訂價很可能陷入低價格競爭的割喉戰。

6 投標競價訂價法（Auction Pricing）

利用投標來設定價格。隨著網際網路普及，這種訂價法在日本也愈來愈常見。

出處：《行銷管理》（Marketing Management）。

過去的企業多半採用加成訂價法，但現在知覺價值訂價法也愈來愈常見。此外，價格競爭激烈的業界（例如：牛丼店），則以現行價格訂價法最為普遍。

128

根據產品組合建立訂價策略
Product Mix Pricing Strategy

產品組合指的是企業產品線的組合，產品線則是相同範疇中的所有產品，產品線的個別產品稱為產品項目。產品線的廣度和產品項目的深度，構成企業的產品組合。企業的目標是利用產品組合創造最大化的利益，科特勒依此提出下列訂價法：[17]

① **產品線訂價**：多數企業都會設定不同的產品線，例如：針對新手、老手或企業等，並依此設定價格帶。這種根據產品線設定不同階段價格的做法，在各個業界都可看到。

② **相關產品訂價**：針對附加功能與附屬品（和主產品相關的產品）的訂價策略，當主產品功能簡化，可以讓顧客自行選擇附加功能。由於功能簡化，可以壓低主產品價格，藉由附加功能提高價格。旅行商品、汽車、手機等，經常採用這種訂價策略。

③ **配套式訂價**：依據綁定主要產品和相關產品的形式訂價。例如，大型家電通路商推出主產品（例如數位相機）搭配周邊機器（例如印表機）的優惠方案。利用配套式訂價綁定熱銷商品和滯銷商品，也是常見用來清庫存的方法。

④ **專用商品訂價**：專用商品指的是附屬於主要產品的消耗品。如果產品分為本體和消耗品，將本體的價格設定得較低，再利用消耗品來提升利益，也是常見的手法。這種方式也稱為「消耗品策略」。

圖解 12-11　根據產品組合建立訂價策略

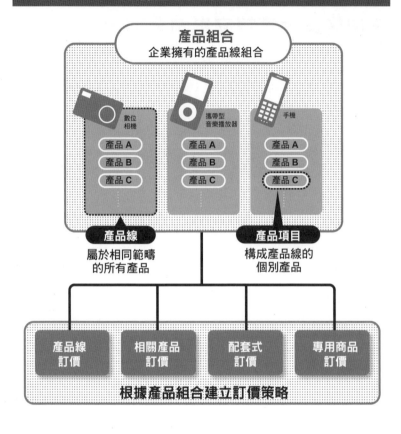

產品組合
企業擁有的產品線組合

數位相機　攜帶型音樂播放器　手機

產品 A　產品 A　產品 A
產品 B　產品 B　產品 B
產品 C　產品 C　產品 C

產品線
屬於相同範疇的所有產品

產品項目
構成產品線的個別產品

產品線訂價　相關產品訂價　配套式訂價　專用商品訂價

根據產品組合建立訂價策略

擁有多種產品的企業，為了追求產品組合整體利益最大化，會採用上述訂價策略。

129

善加管理供應鏈，走向全球化
Supply Chain

　　通路是讓商品或相關資訊與資金流通的途徑，也是互相依賴、構成商品流通途徑的組織集團總稱，所以也叫做「行銷通路」。製造產品需要素材和零件，這些材料組裝完成後還必須透過行銷通路才能送到顧客手中。所以，深入原物料的視野，可以發現一條更漫長的途徑：供應鏈（Supply Chain）。[18]

　　當客戶需要某項產品時，確實且迅速地滿足他們的需求，就能避免流失銷售機會。而且，徹底減少庫存，避免產生滯銷商品，也很重要。簡單來說，要讓顧客價值達到最大化，提升營運效率，進而增加獲利，建立並確實管理一條具有高度競爭力的供應鏈，是不可或缺的條件。為了適當管理供應鏈，就必須注意「供應鏈管理」（Supply Chain Management，SCM）。

　　第 074 節談過波特提出的價值鏈，因此我們知道，價值（產品）是企業內各部門緊密合作，才能建構出來的模式。價值鏈僅存在企業的內部，但是從採購原物料到發貨給大盤商或販售門市等通路，最後把產品送達顧客手中，這個過程中如果缺少供應鏈，就絕對無法達成最終目標。

　　此外，近年來供應鏈開始邁向全球化也是一大特徵。如果能從全球化的觀點出發，建立適當的供應鏈並且善加管理，勢必能夠形成相當強大的競爭力。

圖解 12-12　全球化的供應鏈

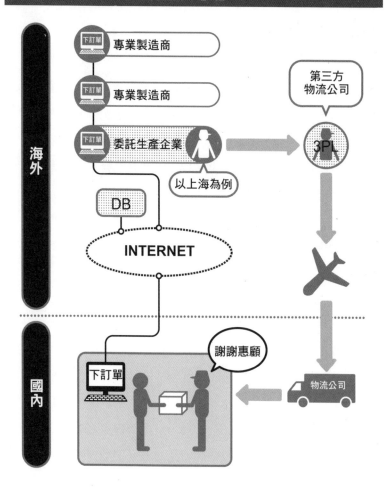

 現在的供應鏈已邁入全球化，為了取得競爭優勢，確實掌握全球化資源是不可或缺的條件。

130

垂直式行銷系統
Vertical Marketing System

上一節提到的供應鏈，必須透過多家企業的合作才能建立。因此，我們也可以說，促成這些企業文化相異的公司合作並加以控管，正是管理供應鏈的核心。其中，為了創造更有效率的通路，經常可以看見企業執行供應鏈上下游整合。這就是所謂垂直式行銷系統，簡稱 VMS（Vertical Marketing System）。

VMS 的作用是找出一家有力的通路商，利用它的影響力與其他廠商交涉，甚至併吞其他通路商，將整體通路整合成一個系統。最具代表性的 VMS 型態有三種：

① **企業型 VMS**：這種型態是從製造到販售的過程，都整合至一個企業資本，也稱為「製造販售整合」，具代表性的例子是成衣業界中，有自家工廠可生產供貨的零售商。

② **管理型 VMS**：指的是由供應鏈內最有力的企業掌握主導權，把持從製造到販售的一連串過程。舉例來說，便利商店經常委託廠商生產少量的自有品牌產品，這種情況也可以說是便利商店握有主導權，進而管理製造商或盤商的管理型 VMS 型態。

③ **契約型 VMS**：個別獨立企業依契約建立供應鏈的型態。典型的例子就是便利商店或外食產業的加盟店。多家獨立零售商達成協議聯合進貨，並且委託相同物流公司組成自願加盟連鎖也屬於這種型態。

圖解 12-13　垂直式行銷系統

企業型 VMS

一個企業資本
整合所有通路

製造

盤商

販售

管理型 VMS

擁有強勢影響力的企業，
控制其他企業成員

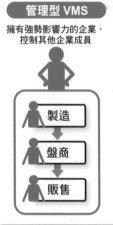

製造

盤商

販售

契約型 VMS

多家獨立企業
締結契約

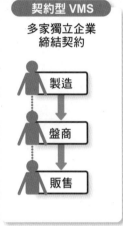

製造

盤商

販售

建立有效率的供應鏈

 不管是企業型 VMS、管理型 VMS 或契約型 VMS，最終的目標都是要建立有效率的供應鏈。

131
整合型行銷溝通
Integrated Marketing Communications

　　4P 的最後一個要素是推廣，轉換為 4C 就是溝通（第 119 節）。近年的行銷活動中，企業在與顧客溝通的時候，整合型行銷溝通是不可或缺的方法。整合型行銷溝通簡稱為 IMC（Intergrated Marketing Communication），由美國西北大學名譽教授唐·舒茲[1]於 1980 年提出。IMC 的目標是統一控管各種溝通活動，目前主要的溝通方法大致可分為六項：① **廣告（Advertising）**；② **公關（Public Relations，PR）**；③ **人員銷售（Personal Selling）**；④ **促銷（Sales Promotion，SP）**；⑤ **活動與經驗（Events & Experiences）**；⑥ **直接行銷（Direct Marketing）**。

　　過去的行銷教科書，會把構成推廣的要素分為四項：廣告、人員銷售、促銷和宣傳。IMC 則是加上活動、經驗（活動原本就算是促銷的一部分）與直接行銷，這兩點也值得注意。[2]

　　IMC 最顯著的特徵，在於十分重視顧客和企業的互動，亦即接觸點（Touchpoint 或 Contact Point）。同時以上述六種方法作為主要支柱，針對所有接觸點「採用相同的設計、傳達相同的訊息」，最終目的是建立起行銷溝通組合（見圖解 13-1）。

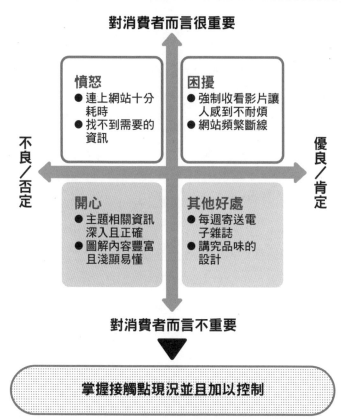

圖解 13-1　掌握接觸點的現況並加以控制

接觸點矩陣圖範例（以網站為例）

對消費者而言很重要

憤怒
- 連上網站十分耗時
- 找不到需要的資訊

困擾
- 強制收看影片讓人感到不耐煩
- 網站頻繁斷線

不良／否定 — **優良／肯定**

開心
- 主題相關資訊深入且正確
- 圖解內容豐富且淺顯易懂

其他好處
- 每週寄送電子雜誌
- 講究品味的設計

對消費者而言不重要

掌握接觸點現況並且加以控制

出處：唐恩・亞可布齊（Dawn Iacobucci）《凱洛格論市場行銷》（*Kellogg on Integrated Marketing*）。

 IMC 的做法是把所有接觸點得到的顧客體驗，整理成矩陣圖，在掌握現況的同時控制接觸點，將策略調整得更完善。

132

廣告策略：建構最合適的媒體組合
Advertising Strategy

一般廣告活動的流程如下：① 明確設定廣告目的；② 明確設定訊息內容；③ 擬定傳達訊息的形式（創意）；④ 選擇媒體（媒體組合）；⑤ 執行廣告並評估成果。而廣告目的大致能夠分為三個種類：① 提高知名度的廣告，例如新產品發售或說明使用方法的廣告。② 以說服為目的的廣告，能讓買家理解自家公司品牌比其他品牌還要優良。③ 喚起回憶的廣告，大多以日常必須品為對象，目的是讓顧客重覆選擇自家公司的產品。

根據廣告的目的擬定最合適的訊息，之後再決定廣告的表達方式就叫做「創意」，也就是透過獨特的構想，將滿足廣告目的的訊息傳播出去。與創意同時進行的步驟是「選擇媒體」，重點是根據廣告訊息的目標受眾，找出最有效率、最適合傳達的媒體。依此原則找出的媒體群，就稱為「媒體組合」。

代表性的媒體除了四大傳媒[3]：電視、報章、雜誌和電台節目，還有網路與推廣媒介。不同媒體各有優缺點，因此我們必須熟悉它們的特徵，再結合廣告訊息的目的或預算，建構最合適的媒體組合。近年來，推動廣告策略的重點開始改變，不能單純考量媒體組合，還必須透過「媒體企畫」來創造新媒體。或是因應商品特徵，從既有媒體中摸索出最適合的使用方法，這個過程稱為「媒體創意」。最後，就是實行以上廣告活動並評估成果。

圖解 13-2 媒體組合

		優點	缺點
四大傳媒	電視	● 觸及範圍較廣 ● 衝擊性較高	● 費用較高 ● 無法即時出稿
	報章	● 較受信賴 ● 傳達詳細內容	● 閱讀率下降 ● 低齡層觸及率低
	雜誌	● 目標族群集中 ● 衝擊性較高	● 出刊所需時間較長 ● 發行冊數可信度有待商榷
	電台節目	● 具有被動收聽效果 ● 相對於費用，觸及率較高	● 聽眾日漸減少 ● 媒介無法保存
SP媒體	交通廣告	● 容易建立地區區隔 ● 刊載容易	● 依商品性質不同，效果差距甚大
	戶外廣告	● 成本較低 ● 可重覆觸及	● 效果局限於特定地區 ● 對觸及者不親切
	夾報傳單	● 容易建立地區區隔 ● 成本較低	● 閱覽率是最大的課題 ● 商品性質不同，效果差距甚大
	DM	● 成本較低 ● 可詳細說明商品	● 回饋率較低 ● 最大的課題在於如何鎖定觸及對象
	電話簿廣告	● 刊載容易 ● 成本較低	● 競爭激烈 ● 閱覽率是最大的課題
新媒體	網際網路	● 對使用者較親切 ● 可細分觸及目標	● 競爭激烈 ● 多數使用者排斥廣告

媒體組合

如果想將訊息確實傳達給顧客，必須選擇適當的媒體加以組合，也就是說，媒體組合是必要的條件。

133

公共關係
Public Relations

公關（PR、宣傳）的目的，在於協助企業與有利害關係的對象建立良好的關係，如顧客、職員、股東、政府、傳媒、地方公共團體等，須多加注意。最傳統的公關活動是平面媒體（報導機構）對策。意思就是將企業的動向、活動、新產品發表資訊等，提供給大眾媒體。例如產品正式上市前，先找報導機構來舉辦新產品發表會。此外，為了與平面媒體持續維持關係，企業方也會定期透過平面媒體發表報導（發新聞稿給報導機構）。

實施平面媒體對策時，提供的宣傳資訊價值愈高，報紙、雜誌、電台節目等愈有可能免費為自家公司揭露資訊。不需花費龐大廣告費用，就能把公司的消息帶給大眾，宣傳效果非常好。

過去的行銷組合中，公關活動總是略顯平凡。但企業如今不再偏重廣告宣傳，反而更加重視公關，而且愈來愈多企業把公關活動當作主軸。宣傳是利用媒體這個第三者視線的角色，將資訊傳達給社會大眾。因此，資訊的可靠性和可信度就變得非常高。

公關如此受到信賴，是企業單方面提供的廣告無法達到的效果。而且資訊愈受到信賴，更容易成為口耳相傳的題材。現代社會中各種資訊氾濫，想從中分辨優劣，媒體報導和口耳相傳就是最大的資訊來源。公關與這兩大資訊來源，都很容易搭上線。經過以上考量，今後企業重視公關的傾向愈來愈明顯。

圖解 13-3　PR 的種類

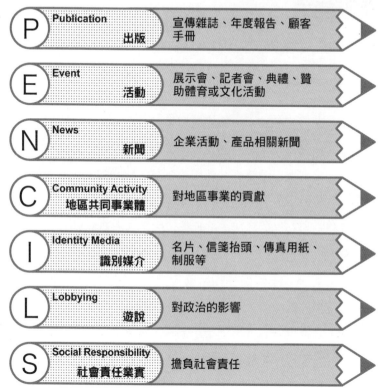

P	Publication 出版	宣傳雜誌、年度報告、顧客手冊
E	Event 活動	展示會、記者會、典禮、贊助體育或文化活動
N	News 新聞	企業活動、產品相關新聞
C	Community Activity 地區共同事業體	對地區事業的貢獻
I	Identity Media 識別媒介	名片、信箋抬頭、傳真用紙、制服等
L	Lobbying 遊說	對政治的影響
S	Social Responsibility 社會責任業責	擔負社會責任

出處：菲利普‧科特勒《科特勒談行銷》。

 公共關係主要分為七個種類，科特勒將整理成本圖解看到的「PENCILS」。

134

業務能力
Sales Force

　　進行人員販售的時候，要提高業務人員的能力，在教育和訓練中建構有效的業務能力，是不可或缺的條件。業務人員的教育訓練有各種形式，其中，職能管理是成效極佳的方法之一。「職能」指的是擔任特定職務的人員，具有創造卓越業績的特性。如果一開始就掌握這項特性，活用在招募、開發員工，或是轉換職務與建立評價制度上面，就是所謂的職能管理。

　　各種職務必備的職能，都彙整成像字典一般的條目。[4]其中，業務推廣（銷售職務）的職能，包括「衝擊性和影響力」「重視達成率」等項目。衝擊性和影響力指的是對他人造成影響的能力，愈是優秀的業務人員，愈是致力於提升信用，透過服裝、用詞遣字、氣質等努力展現專業形象。重視達成率則是指面對挑戰時設定可達成目標的能力。因此，這些業務人員的特徵就是能做好自我管理，並且有效利用時間。如果一剛開始就掌握職務必備的能力，為業務人員舉辦教育訓練時，就能帶來明顯的幫助。

　　提升個別業務人員銷售技巧的同時，透過組織推動的團隊銷售也是關鍵。為了打造成果輝煌的團隊，必須先熟悉赫曼模型[5]。這個模型依腦部活動特性將人分為四大類。一支能夠創造成果的團隊，最大的特徵在於，必須召集擁有各種能力的人才，從中截長補短，才能創立全腦型團隊。

圖解 13-4　打造超強的業務能力

提升個人能力

業務人員的教育與訓練
職能管理

- 衝擊性與影響力
- 重視達成率
- 銷售職
- 不屈不撓的執著精神
- 自信堅定（對自己的能力有自信）

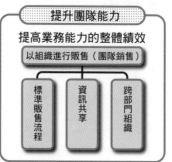

提升團隊能力

提高業務能力的整體績效

以組織進行販售（團隊銷售）

- 標準販售流程
- 資訊共享
- 跨部門組織

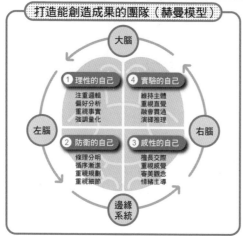

打造能創造成果的團隊（赫曼模型）

大腦

左腦			右腦

① 理性的自己
注重邏輯
偏好分析
重視事實
強調量化

④ 實驗的自己
維持主體
重視直覺
融會貫通
演繹推理

② 防衛的自己
條理分明
循序漸進
重視規劃
重視細節

③ 感性的自己
擅長交際
重視感覺
審美觀念
情緒主導

邊緣系統

出處：奈德‧赫曼（Ned Herrmann）《全腦革命》（*The Whole Brain Business Book*，美商麥格羅‧希爾出版）。

召集具備各種能力的人才並從中截長補短

為打造強勢的業務能力，必須提高個人能力與團隊能力，這也是創造理想中團隊時，必須審慎思考的兩項要素。

135

促銷活動
Sales Promotion

　　整合型行銷溝通的主要溝通方法有六種（第131節）。其中，銷售推廣（促銷）能配合其他行銷溝通項目一起進行，因此種類豐富。眾多促銷媒體中，影響力具最大的是交通廣告和戶外廣告。其他還有夾報傳單（折頁廣告）、電話簿中刊載的廣告（電話簿廣告）、寄到家裡的實體郵件（DM）、街頭的免費報紙和在門市擺設的商品及POP廣告[6]等。

　　剛剛提到的促銷媒體，基本上都是以靜態的方式呈現，但有些媒體的廣告訊息，會透過活動或影像以動態的方式呈現。舉例來說，傳統海報已不常見，取而代之的是利用網路連線薄型大型顯示器，這種刊載廣告使用的電子看板，是目前備受矚目的影像型促銷媒體。此外，街上經常有人發送試用品，也是促銷媒體的一種。還有，宣傳活動、獎勵等吸引買方注意的誘因，也是常見促銷方法，應用範圍十分廣泛。

　　近年來，企業對促銷活動的期待愈來愈高，原因在於需要的多樣化，以及市場區隔愈來愈細分化等。利用促銷策略能夠突破困境，或是短期間提升營業額，的確是不爭的事實。然而，只在乎眼前利益，以短視近利的眼光來推動促銷，可能對品牌造成傷害，這一點必須事先了解。

圖解 13-5　SP 的方法

以媒體區分 SP

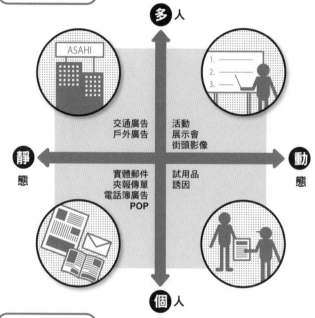

多人

靜態　　　　動態

交通廣告　活動
戶外廣告　展示會
　　　　　街頭影像

實體郵件　試用品
夾報傳單　誘因
電話簿廣告
POP

個人

以對象區分 SP

針對消費者的 SP	針對通路的 SP	針對公司內部的 SP
●折價券 ●獎勵 ●禮品 ●現金回饋 ●免費體驗	●降價 ●換貨額度 ●活動招待	●販售競賽 ●紀念品

 根據媒體、內容、對象的不同，SP 的形式非常多樣化。
重點是要根據「統一設計」「統一訊息」兩項大原則，
找出最有效率的組合。

136

體驗價值行銷
Experiential Marketing

在產品漸趨相同的大趨勢中，著重顧客體驗的體驗價值行銷倍受矚目。體驗價值是指顧客透過消費、使用產品獲得的經驗，感受到切身的體驗和感動，這種體驗具有不同的經濟價值。

以喝咖啡為例，在家泡即溶式咖啡喝的成本不到十元。想在戶外喝咖啡，可以買瓶幾十元的罐裝咖啡帶去公園。如果願意花費上百元，就能在星巴克享受悠閒時光。如果是重要的商談場合，也可以約在大飯店的咖啡廳裡碰面，忍痛掏出數百元喝咖啡。單是一杯咖啡，最低價與最高價相差好幾百元。這就代表顧客追求的不單只是咖啡，而是服務、品牌和店舖形象形成整體經驗，成為顧客認同的價值，並且願意為此支付對等的代價。

總之，即使是像咖啡這樣的日常用品，透過體驗價值的加乘，就會產生更高的附加價值，這正是體驗價值行銷的目標。擬定體驗價值的行銷策略時，關鍵要素在於「接觸點」（第131節）。它的形式十分多樣，其中又以員工與顧客接觸的瞬間最重要。北歐航空總經理楊‧卡爾森（Jan Carlzon）把這樣的瞬間為「關鍵時刻」（第053節）。卡爾森認為，每年有將近萬名顧客與北歐航空的員工接觸，其中必須有5,000次，在「關鍵時刻」中，讓顧客覺得北歐航空是最佳選擇。[7]而北歐航空如此重視關鍵時刻，的確也成功滿足顧客，進而提高顧客忠誠度。

圖解 13-6 服務與經驗

經濟價值	服務	→	經驗
經濟體系	服務經濟	→	經驗經濟
經濟功能	供給	→	演出
商品性質	無形	→	留下回憶
重要特性	客製化	→	專屬於個人
供給方法	應客戶要求	→	於特定期間內展示
賣方	提供服務的業者	→	豐富經驗
買方	顧客	→	貴賓
需求來源	便利	→	感動

出處：約瑟夫‧派恩（B. Joseph Pine II）、詹姆斯‧吉爾摩（James H. Gilmore）合著《體驗經濟時代》（*The Experience Economy*，經濟新潮社出版）。

 顧客的體驗來自使用財和接受服務的經驗，體驗價值愈高，產品價值也就愈高，這一點應該無須贅述。

137

關係行銷
Relationship Marketing

　　市場愈成熟就愈難開發新客戶。研究指出，維持原有顧客的成本，只有開發新客戶所需費用的 20%。而且，每提升 5% 顧客維持率，可帶來 25 ～ 125% 的獲利。[8] 因此，關係行銷的目的，就是關注顧客生涯價值、加深與原有顧客的關係，與顧客建立長期的關係並且從中獲利，這一連串的活動逐漸受到重視。

　　顧客生涯價值指的是，客戶在一生中預估能為企業帶來的利益，計算公式是年度購買量乘以顧客購買期間。擴大解釋顧客生涯價值的概念，即為顧客權益，也就是企業所有顧客的生涯價值總計，是將每位顧客的標準生涯價值乘以顧客人數，就能計算出企業擁有的顧客權益。關係行銷特別重視顧客生涯價值和顧客權益，就是為了以顧客滿意度作為槓桿的支點，舉起顧客忠誠度並擴大顧客占有率。之前提過，提高顧客滿意度，顧客忠誠度也會跟著上揚，企業的收益也會因而增加（第 121 節）。

　　而顧客占有率是指特定領域的顧客，購買產品時選擇自家公司產品的比率。假設顧客購買十瓶飲料，其中 A 品牌占了四瓶，A 品牌的顧客占有率就是 40%。關係行銷除了著重提高顧客忠誠度，如何增加顧客占有率也是重點，要讓顧客放棄其他公司，盡可能選擇自家公司的產品。傳統的行銷活動總是著重市占率，現今的行銷則重視提高顧客忠誠度，致力於擴大顧客占有率。

圖解 13-7　關係行銷實例

走向關係行銷

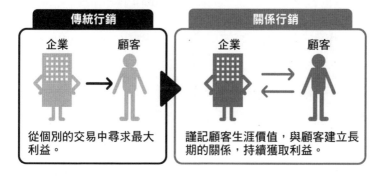

傳統行銷	關係行銷
企業　顧客	企業　顧客
從個別的交易中尋求最大利益。	謹記顧客生涯價值，與顧客建立長期的關係，持續獲取利益。

為了增加顧客權益

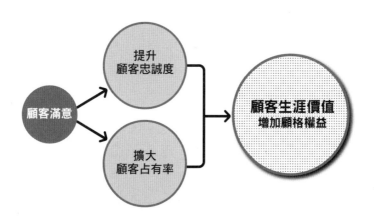

顧客滿意 → 提升顧客忠誠度 / 擴大顧客占有率 → 顧客生涯價值 增加顧格權益

提升顧客忠誠度與顧客占有率，藉此徹底提高顧客生涯價值。

138

注意潛在客戶
Noncustomers

　　上一節提及原有顧客的重要性，但我們也不能因此忽視新客戶開發。杜拉克是這樣說的：「取得30％市占率就可說是業界的巨人，但還是有70％的顧客沒有選擇自家公司。也就是說，我們對這70％的顧客一無所知。」[9]杜拉克這段話中的70％顧客，指的不是原有顧客，而是非客戶。他還說：「非客戶正是重要的資訊來源，能讓我們了解未來的變化。」

　　科特勒也沒有忽視非客戶。他認為行銷始於分析需要，進而實施市場區隔（第108節）。然而，「鎖定某項需要，選擇對象客群後，必然會忽視需要以外的客群」[10]，這群被忽視的對象就是非客戶。隨著市場區隔愈來愈細分化，捨棄掉的顧客也逐漸增加，將導致市場斷層加劇，個別市場在短時間內就達到飽和狀態。因此，就需要不同於市場區隔的行銷方法。其實，第117節已經介紹過水平行銷，這個方法正是開拓非客戶的重點。

　　此外，我們探討藍海策略時，也曾說過這項策略是關注非客戶的方法之一（第013節）。金偉燦和莫伯尼將非客戶分為三個階層：① **消極的買方**；② **決定不採用的買方**；③ **與市場保持距離的買方**。以此為前提，透過替代產業或其他策略群組，分析非客戶能夠為企業帶來什麼樣的價值。分析之後的結果，就是針對市場提供價值的有力參考資訊。

圖解 13-8　拉攏非客戶族群

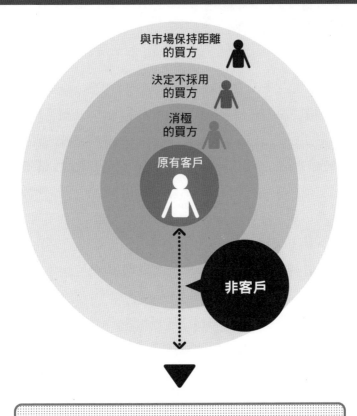

思考非客戶在替代品和替代產業之中，
能夠帶來什麼樣的價值。

以本節內容為依據，思考自家公司的財與服務，能否添
加替代品具備的價值，這就是利用藍海策略拉攏非客戶
的方法之一。

139

直接行銷
Direct Marketing

　　直接行銷指的是企業直接與顧客交易的型態。以前有學者主張，必須把直接行銷加入推廣的四項要素當中。但是直到近期，直接行銷才被視為推廣要素之一，並保有穩固的地位。直接行銷的代表性的方法有三種：① **型錄郵購**；② **電視購物**；③ **網路購物**。這三種方法分別來自不同的媒體：平面媒體、電視和網際網路，由此可知，直接行銷的特性之一，就是能夠因應不同媒介加以活用。接下來簡單說明直接行銷的基本流程：① **鎖定目標客群**；② **藉由媒體告知商品資訊**；③ **設法吸引客戶選用自家產品**；④ **與顧客建立長期的關係**。

　　在這個過程中，特別值得注意的重點在於和顧客維持關係。直接行銷的顧客特質就是只要買過一次，就很有可能會持續購買，比起開發新客源更能有效提高獲利。所以，直接行銷必須善用資料庫，也就是所謂的資料庫行銷。因此，企業始終致力於和顧客建立起一對一的關係。[11]

　　不過，直接行銷也不是完全否定開發新客戶的重要性。有些直接行銷的形式，是由客服中心打電話給顧客，說服他們購買商品，這種善用推播式行銷的方式正受矚目。但推播式行銷很可能引起反感，促使顧客離去（解約）。

圖解 13-9　直接行銷的特徵

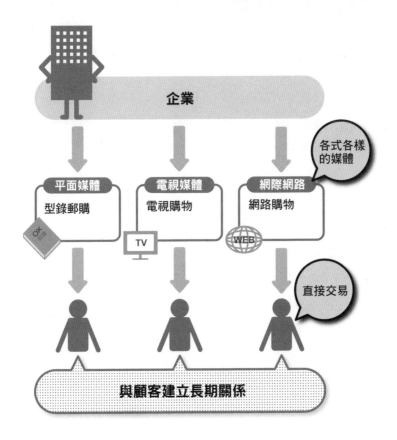

企業

各式各樣的媒體

平面媒體	電視媒體	網際網路
型錄郵購	電視購物	網路購物

直接交易

與顧客建立長期關係

 目前，直接行銷儼然是推廣活動不可或缺的要素，甚至可以說不善用直接行銷，企業將無法生存。

140

網路廣告：第五種大眾傳媒
Internet Advertising

根據廣告界龍頭電通公司，2015 年日本廣告費 [12] 總額為 7 兆 1710 億日圓。比前年度高出 100.3％，連續四年正成長，報紙占 9.2％，雜誌為 4％，廣播電台 2％，無線電視 29.3％，衛星媒體 2％，網際網路占 18.8％，推廣媒體為 34.7％。

但是四大傳媒 [13] 呈停滯狀態，衛星媒體和網際網路的廣告費卻是成長顯著。網路廣告的金額在 2004 年超越電台廣告，2006 年高於雜誌廣告，2009 年終於超過報紙廣告，2014 年市場規模達到 1 兆 519 億日圓，而且並未就此停止成長，2015 年甚至達到 1 兆 1594 億日圓，強勢影響了整個廣告市場。網路廣告超越四大傳媒總和（9376 億日圓，占總媒體類別 15.2％）的如此規模，稱為第五大傳媒也不為過。

2015 年，網路廣告媒體費為 9194 億日圓，製作費為 2400 億日圓。其中，搜尋廣告和藉由媒合讓廣告效果最佳化的程式化廣告，都呈現成長的趨勢。特別是社群媒體和影片分享網站，程式化廣告的投放更是大幅提升。這些廣告的共同特徵就是大量運用資訊技術，往後應該能夠再開發出新型態廣告手法，而且網路廣告市場看來還有很大的成長空間。

圖解 13-10　日本的廣告費變化

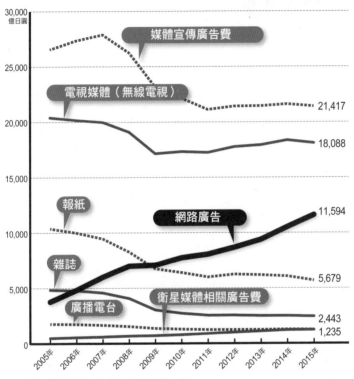

出處：電通公司「二〇一五年　日本廣告費」等。

投入四大傳媒的廣告費日漸減少，網路廣告牽引著日本廣告市場整體表現，而這樣的潮流今後似乎沒有改變的趨勢。

141

邁入行銷 3.0
The Shift to Marketing 3.0

科特勒曾經說過，行銷的發展可以大略分為三個階段。第一階段聚焦於產品管理的行銷，稱為行銷 1.0；之後主軸便從以產品為中心轉為以顧客為中心，這種顧客為重的行銷稱為行銷 2.0；考量到現代社會特有的重要因素，科特勒認為現在正是行銷必須升級的時期，也就是行銷 3.0 的時代。行銷 3.0 的意義就是由「行銷 2.0 ＝顧客為重的行銷」，轉為「以人為本、價值主導的行銷」。[1]

行銷 3.0 也代表「將消費者視為具有思考能力與情緒起伏，而且追求精神層面滿足的全人」，面對消費者「心中最深處的慾望，以及對於社會面、經濟面和環境面追求公正性的慾望，滿足他們的使命、視野或價值」。所以，科特勒提出的行銷 3.0 概念還很抽象，想要更深入理解它的本質，就必須著眼於時代的變化如何讓行銷進化至 3.0。科特勒認為，下列三項時代特性就是使行銷進化至 3.0 的原動力：

① 參予的時代→協同行銷的必要性。

② 全球化悖論時代→文化行銷的必要性。

③ 創意社會的時代→心靈行銷的必要性。

接下來，我們將進一步詳細解三項時代變化，以及因應變化的三種行銷策略。

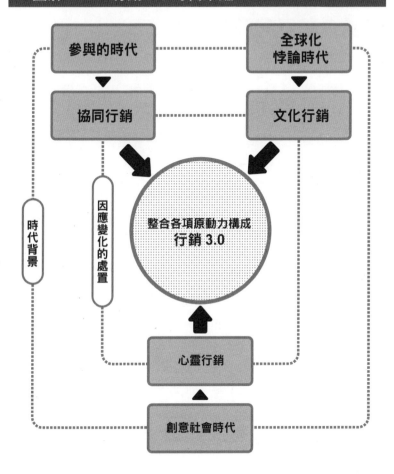

圖解 14-1　行銷 3.0 時代來臨

參與的時代

全球化
悖論時代

協同行銷

文化行銷

整合各項原動力構成
行銷 3.0

時代背景

因應變化的處置

心靈行銷

創意社會時代

目前，行銷 2.0 已漸漸轉變為行銷 3.0，我們必須理解其中的時代背景與行銷策略具體實施狀況。

142

消費者參與的時代

The Age of Participation

科特勒指出，最初變化的徵兆是參與的時代，意思是長久以來身為消費者的人們不再單純消費產品，而是參與企業舉辦的活動自行創造價值。參與的時代的開端是資訊技術的發展，2005年開始廣為人知的 Web 2.0，更是不可忽視的關鍵字。

Web 2.0 指的是網路上的虛擬世界，從傳統的模式經過劇烈轉變形成新的模式。這個詞是由美國出版社歐萊禮媒體公司[2] CEO 提姆・歐萊禮首次提出，自此開始廣為使用。歐萊禮認為，Web 2.0 具備七項特徵（見圖解 14-2），但不是所有狀況都符合七項特徵，而是各項特徵在特定領域有突出的表現。其中，以②～④共同的特徵最顯著，並且也可以說是使用者參與型的特徵。

Web 2.0 最具代表性的服務，是 Youtube 和推特、臉書等社群媒體，一旦缺少使用者參與服務就不存在了。這些服務也不是由企業單方面提供內容，使用者也可以創造內容。因此，參與的使用者愈多，收集到的數據愈多，更能造就高價值的集體智慧，進而吸引更多使用者加入、參與，創出最高的價值[3]。這樣的良性循環，就是使用者參與型服務的最大特徵。

使用者參與型服務從網路世界發跡後產生極大迴響，導致與網路服務無關的企業也無法忽視，這就是參與的時代的特色。

圖解 14-2　參與的時代到來

Web 2.0 的特徵

1. 有效率地善用 **Web** 平台。
2. 使用者參與型數據來源。
3. 將使用者視為共同開發者。
4. 利用集體智慧。
5. 善用長尾效應。
6. 提出不受限於單一裝置的應用程式。
7. 採用輕量化的使用者介面、開發模組、商務模組。

出處：Tim O'Reilly「What is Web 2.0」。

關鍵字是「消費者參與的時代」

 參與的時代到來，必須開發新的行銷策略來應對，協同行銷便因應而生。

143

協同行銷
Collaborative Marketing

邁入參與的時代後，協同行銷成了不可或缺的策略。企業不再將顧客當作消費者，而是視為共同創造價值的重要夥伴，並以此為前提推動行銷策略。以 iPhone 和 iPad 為例，這些裝置上使用的應用程式都可以從 App Store 下載，但是程式開發者幾乎都是蘋果公司以外的企業或個人。蘋果公司積極邀請外部企業或人員參與開發，藉著相乘效應創造出單打獨鬥難以獲得的價值。

值得關注的是，企業廣告近年來相當注重參與。以線上評價制度推動行銷，也就是病毒式行銷，已經成為不可或缺的銷售方法。不過，評價制度是由企業外部的人員執行，不只會左右銷售成果，而且影響力極大，相關資訊瞬間就會在網路上傳開。這代表企業與客戶之間的溝通，無法缺少使用者參與型的行銷策略。

企業與使用者協同創造價值和經驗的形式稱為共創[4]，而共創需要舞台，這個舞台就是社群。不管是現實中的社群，或是線上的虛擬社群，都具有相同功能。在社群內，企業和其他成員共創之際，企業必須具備與他們締造良好關係的特質，也就是所謂的個性化。總而言之，我們可以得知協同行銷必備的三個要素分別是：① 共創；② 社群；③ 個性化。[5]。想要將這三項要素組成縝密的策略，就必須仰賴協同行銷。

圖解 14-3 協同行銷三要素

協同行銷

並非僅將顧客視為消費者,而是共同創造價值的
重要夥伴,以此為目標擬定行銷策略

協同行銷三要素

個性化　　　　共創

企業　　　客戶

社群

「協同取向」行銷

 為了推動協同行銷,企業必須成為一個個性化的組織,
並且在社群中和客戶共創經驗。

144

全球化悖論時代
The Age of Globalization Paradox

針對現代大環境變化，科特勒提出第二項風潮：全球化造成的悖論。全球化會帶來各種悖論、造成許多矛盾，其中之一就是部落主義抬頭。全球化可能會把世界變得平坦化[6]，使得國境與國民性變得模糊不清，人們逐漸對自己的定位產生強烈質疑，相信各位一定能夠理解這種感覺。人類為了確認存在意義、找到自我認同，因此一直在探尋根源和棲身之所，因此積極的融入地區團體或社群。於是，地區團體或社群的關係日益強化，形成「部落」意識強烈的部落主義。但是全球化的成熟卻造成部落主義的發展，這樣的過程正是名符其實的悖論。[7]

全球化也衍生出許多其他矛盾，例如，全球化讓企業可以在更有利的地方製造產品、銷售到世界各地。結果導致製造業外移，國內空洞化、就業率低落、社會陷入不安。這也可以說是全球化帶來的悖論。

此外，近年來新興國家的經濟發展也有顯著的成長，特別是中國的大躍進令人驚嘆。而且具體象徵就是中國企業併購日本企業，這樣的局勢是全球化的面相之一，也是不爭的事實。然而，被中國企業併購的企業，如果馬上轉變為中國式的作風，想必應該會導致多數員工和消費者的反感。總而言之，全球化對我們周遭的事物產生了各式各樣的摩擦，以及社會層面的不安。

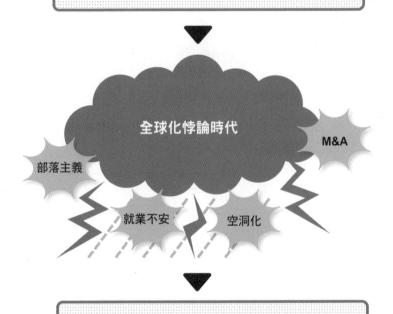

圖解 14-4　消除社會不安的行銷策略

行銷的意義是「滿足需要，創造利益」。

全球化悖論時代

M&A

部落主義

就業不安　　空洞化

滿足消除社會不安的需要進而創造利益，
也是人們對行銷 3.0 的冀望。

科特勒表示，為了消除社會上的不安，滿足各種需要，
文化行銷是無可缺少的條件。詳情請見下節。

145

文化行銷
Cultural Marketing

　　或許有人會認為，「要求企業解決人們對社會抱持的不安，責任未免太過重大」。然而，科特勒表示企業應該在這樣的情勢中找出機會。當全球化悖論把社會捲入不安，為了消除不安的必備的條件，正是主要機構出面促進社群中的人們互相連結，或是擔負對地區社會的責任，致力喚起日本人的國籍認同。其實，由企業出面擔任主要機構，就是科特勒的主張。順帶一提，企業直視社會問題，明確設定社會理念[8]（大義或主張），以解決上述種種問題為目標，就叫做社會責任行銷。

　　社會責任行銷的用意，是企業引導顧客一同實現社會責任，讓整個社會環境變得愈來愈良好。現在，這種新型態的行銷正倍受矚目（將於後續章節詳述）。企業能夠設定的社會理念種類形形色色，有些企業特別關注地球暖化，有些企業則致力於解決貧困。其中，特別值得注意的是文化層面的問題，而文化行銷就是解決之道。

　　科特勒表示：「85％的消費者喜愛善盡社會責任的品牌，高過沒有相關意識的品牌，更有70％的消費者願意為此支付更高的價格，55％的消費者會因為品牌負起社會責任，願意推薦給親朋好友。」[9]了解這些要點後，就能透過文化行銷實踐社會責任，這對企業而言可說是極佳的行銷機會。

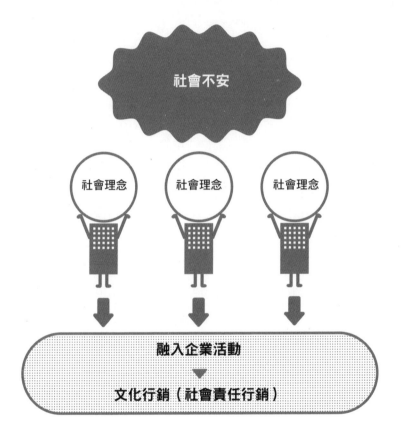

圖解 14-5　企業與社會理念

社會不安

社會理念　　　社會理念　　　社會理念

融入企業活動

▼

文化行銷（社會責任行銷）

　　列舉出社會理念，並將解決問題或達成理念的活動，融入企業的商業活動中，即是文化行銷的具體做法，亦可稱為聚焦於文化層面的社會責任行銷。

146

創造性社會的時代
The Age of Creative Society

最後，要探討第三項風潮：創造性社會的來臨。社會學者理查・佛羅里達[10]在21世紀初的著作中，主張創造性經濟的時代到來。這指的是人口龐大的創造力團體對經濟帶來影響，進而衍生出以創造性經濟為核心的創造性社會。

創造力團體指的是「科學家、技術人員、建築師、設計師、作家、藝術家、音樂家，或是身居商務、教育、醫療、法律等核心要職，在職務中發揮創造力的人們」。[11]根據佛羅里達的說法，創造性職業的工作人口，在1900年僅占美國勞動人口10％，1980年增加到將近20%，2005年達到30％，高達4000萬人。[12]創造力團體增加的趨勢不只發生在美國，就連歐洲與日本也有相同的傾向。佛羅里達表示，這樣的變化對經濟帶來極大的影響。

面對這樣的風潮，科特勒指出，身處創造性社會的人們強烈追求由心理學家亞伯拉罕・馬斯洛[13]提出的自我實現需求。意思是，人們不只可以做想做的工作還能夠以此維生，並且藉此獲得讚許。我們如今擁有豐裕的物資，然而生活滿意度並未因而提升。從這樣的結果來看，可以得知人們的價值觀已經超越物質主義，轉為重視自我表現的慾望和生活品質，以及追求幸福與生存意義。一言以蔽之，也就是重視自我實現，科特勒因此主張，企業也應該順應這樣的時代潮流。

圖解 14-6　創造性社會

創造力團體

身居工作上的核心要職，必須從中發揮創造力的人們。
舉例來說：

科學家　技術人員　設計師　作家　藝術家……

自我
實現需求

最為重視

尊重需求

社交需求

安全需求

生理需求

馬斯洛提出的需求層次理論

 身處於創造性社會的人們，特別重視自我表現、生活品質與生存意義等。企業推動行銷時，也必須滿足這些需求。

147

心靈行銷
Human Spirit Marketing

人們在行銷 2.0 的時代就已經知道，產品不能只滿足基本需要。於是，利用 STP 理論（第 108 節），滿足心理需求的方法因應而生。甚至還可以運用品牌策略（第 125 節），滿足內心的情感需求。但是，隨著創造性社會的時代到來，這兩種方法已經無法滿足所有人。現今的行銷不只要滿足人們內心的理性與情感訴求，還要有震撼人類精神面的感動。科特勒認為，這就是自我實現需求強烈的創造性社會中，人們內心最深切的渴望。

因此，企業必須明定應該達成的任務，提高人類幸福的社會理念（第 145 節），釐清追求這項任務的視野與價值觀，並且抱持真摯的態度，勇於接受實現社會理念的挑戰。科特勒把這種行銷方法稱為「心靈行銷」，並且指出「只要讓消費者認知到企業對人類福祉做出的貢獻，自然就能從中獲利」。[14]

美國政治學者約瑟夫・奈爾[15]就任駐日大使時曾引起議論，他倡導國家軟實力的重要性。軟實力的意義有別於長久以來國家重視的軍事能力和經濟制裁能力，而是「透過無形但不可否認的魅力，引導對方的行動」。[16]也就是說，軍事能力並非最重要的要素，國家應該利用軟性魅力吸引他國跟隨。

這個概念對企業而言也是不可或缺的能力。企業應該如何培養軟實力？答案應該可以說就是心靈行銷。

圖解 14-7 心靈行銷與軟實力

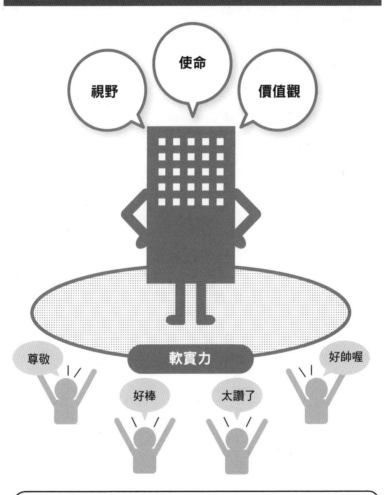

企業若擁有軟實力，人們便會受其魅力引導來行動，如此一來自然能從中獲利。而具備軟實力的活動，應該可以說就得仰賴心靈行銷。

推動 3i 模型
The 3i Model

這個時代裡多數企業仍處於行銷 2.0 的階段，已經無法滿足這個新時代，這一點從先前的章節應該看得出來。因此，我們的思維模式，必須從行銷 2.0 切換至行銷 3.0。

科特勒為此提出 3i 模型的概念。3i 模型有三項構成要素：① **品牌認同**；② **品牌形象**；③ **品牌誠信**，目標是滿足人們對思考能力、情緒起伏和精神層面滿足的訴求。

品牌認同指的是品牌在客戶思考中的定位；品牌形象則是藉由品牌策略與差異化，滿足客戶情感面的需要與慾望，也就是對情緒的訴求。這些都是以行銷 2.0 為基礎，實施 STP 與品牌策略。行銷 3.0 最大的特徵，就是除了①、②兩項要素外，更增加實現品牌誠信的目標。「必須誠實面對客戶並信守約定，藉此引導消費者對品牌的信賴。」[17]

誠實是實現品牌認同的必要條件，並且以此為前提，透過徹底嚴守約定的態度來達成差異化。想要達到品牌誠信，只能仰賴由協同行銷、文化行銷和心靈行銷構成的行銷 3.0。其中，遵從社會理念的文化行銷以及心靈行銷，與能夠證明企業存在價值的使命有著密切關係。企業的使命是說服人群、贏得尊敬，如果還能夠言出必行，就可以達到「終極差異化」[18]，行銷 3.0 正是企業達成目標的不二法門。

圖解 14-8　3i 模型

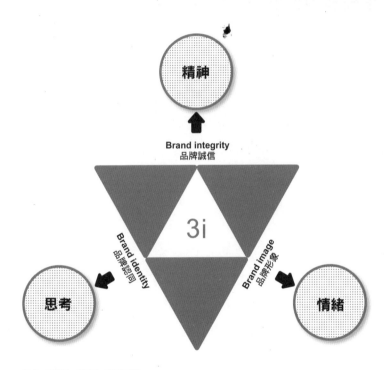

出處：菲利普‧科特勒《行銷 3.0》。

 滿足精神層面需要，即是終極差異化。若要想達到上述目標，由協同行銷、文化行銷（社會責任行銷）和心靈行銷構成的行銷 3.0，則是絕對必要的策略。

149

全方位行銷
Holistic Marketing

科特勒提倡的行銷概念中，有一項叫做「全方位行銷」，他的定義是「對於行銷計畫、程序與活動，各自涉及的範圍與互相依存關係有一定的認識，以此為前提進行開發、設計與行銷的計畫、程序與活動」。[19] 他進一步將全方位行銷的構成要素分為下列四項[20]：① **關係行銷**；② **整合型行銷**；③ **內部行銷**；④ **社會責任行銷**。

① 關係行銷已經在第 137 節探討過；② 整合型行銷也就是整合性行銷溝通（第 131 節）；③ 內部行銷的重要性，在探討服務業的行銷策略時也已經提及（第 124 節）；④ 社會責任行銷也就是明確設定社會理念，並展開解決問題的活動。簡單來說就是與社會理念相關，並包含文化行銷（第 145 節）與心靈行銷（第 147 節）的一切事物，可說是行銷 3.0 的五臟六腑。

一般人認為，企業的社會責任與行銷是風馬牛不相及的兩件事。但是，如果以行銷 3.0 的 3i 模型（第 141 節）為基礎，企業絕對需要推動能夠感動人們精神層面的行銷策略。而這類行銷策略的具體實現成果，其實就是社會責任行銷。接下來，就讓我們從這樣的觀點，詳細審視社會責任行銷。

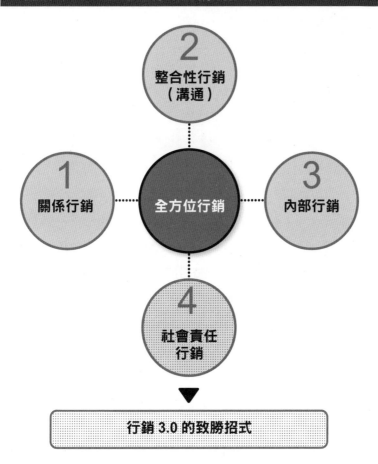

圖解 14-9　全方位行銷的構成要素

 全方位行銷是由四種行銷組成，而行銷 3.0 特別關注其中的社會責任行銷。

150

社會責任行銷
Socially Responsible Marketing

　　企業想要善盡社會責任，就必須先融入社會。科特勒是這樣定義的：「企業執行的主要活動是針對社會理念給予支援，善盡社會責任」。[21]社會理念指的是與社會密切相關的「大義」或「主張」（第 145 節）。為了增進社會善良風氣，創造更容易居住的社會，企業應該抱持的唯一主張就是社會理念。

　　企業在遵從社會理念、積極融入社會的同時從中獲利，就叫做社會責任行銷。科特勒將社會責任行銷分為六個種類：[22] ① **理念推廣**；② **善因行銷**；③ **社會行銷**；④ **公益活動**；⑤ **地區志工**；⑥ **實踐以社會責任為基礎的事業**。從下一節開始，將說明各項活動的詳情，並且探討企業在推動社會責任行銷時，最讓人在意的重點：企業如公益組織一般實現社會理念的同時，是否能夠兼顧利益。科特勒認為兩者並不衝突。

　　企業若善盡社會責任，自然能夠獲得高度正面評價，進而提高選購意願，消費者也甘心支付較高金額，還願意推薦給親朋好友，最終帶來高度支持。由此而生的「道德消費」（Ethical Consumerism）[23]，就是指消費者即使支付較多金錢，也願意選擇對社會有貢獻的產品。實現社會理念對當代的企業而言，正是成長與建立差異化的機會。[24] 因此，社會責任行銷就是善用這個機會的最佳活動。

圖解 14-10　社會責任行銷的六個種類

社會理念

1	理念推廣	意指喚起人們對關心社會議題的重視與關心。例如企業活動聚焦於提高人們對「減緩地球暖化」的重視和關心,即屬於此分類。
2	善因行銷	意指透過販售產品來達成社會貢獻。同樣以「減緩地球暖化」為例,捐獻固定百分比的營業額給相關團體,即屬於此分類。
3	社會行銷	聚焦於支援行動改革的商業宣傳。為了減緩地球暖化,在舉辦活動時,將焦點放在呼籲人們減少排碳量,即屬於此分類。
4	公益活動	最傳統的做法,也就是直接捐款給與理念相關的團體。
5	地區志工	意指企業支持員工利用上班時間去擔任地區志工。
6	實踐以社會責任為基礎的事業	自主發起或投資支持理念的事業活動。科特勒認為,堅信社會理念的社會責任行銷確實存在,並將之區分為六個種類。

 全方位行銷是由四種行銷組成,而行銷 3.0 特別關注其中的社會責任行銷。

151

善因行銷
Cause-Related Marketing

我們都知道社會責任行銷分為六個種類,然而,這六個種類極為相似,讓人難以區分,其中最容易讓人混淆的就是理念推廣與善因行銷。

理念推廣指的是,企業透過各種活動讓人們注意到企業的社會理念,進而受到感召也提高對理念的關心。企業在這樣的溝通過程中必須耗費成本,而且成果跟產品銷售額沒有直接的關聯。以美國著名冰淇淋廠商班傑利(Ben & Jerry's)為例,這家企業抱持的社會理念是減緩地球暖化,並且持續透過網頁或音樂會等活動,喚起群眾重視、關心地球暖化與節能減碳。

善因行銷一般都是在限定期間內,將特定產品銷售額的固定百分比,投入公司支持的社會理念活動。善因行銷與產品的銷售量有關,這是它與理念推廣最大的不同。最著名的善因行銷實例,是美國運通卡公司在 1980 年代初期,發起修復自由女神像的活動。活動主旨是修復自由女神像,持卡人每刷一筆交易公司就捐出 1 美分,每招收一名新會員則捐出 1 美元。這個活動最後總共捐出 170 萬美元,信用卡使用率了增加 30%,發行量也提升 15%。[25] 另一個實例是,搖滾樂團 U2 由主唱波諾帶領團員,發起紅色產品計畫 [26] 將活動收入提撥固定百分比給全球基金會,用於防治愛滋病、結核病和瘧疾。

圖解 14-11 善因行銷與理念推廣的不同

與產品銷售額沒有直接關聯
即是理念推廣 ……………………………………………

本公司支持「減緩地球暖化」！

喔喔，太棒了

與產品銷售額有直接關聯
即是善因行銷 ……………………………………………

購買本公司產品，我們會
捐出 1% 做公益！

喔喔，買、都買！

 兩者間最大的差異在於和產品銷售額有沒有直接關聯。

152

社會行銷
Corporate Social Marketing

　　社會行銷指的是改善公眾衛生、治安、環境、公共福祉等，積極投入「經常性行動改革」[27] 的活動。要判斷行動是否屬於社會行銷，要看組織是否著眼於行動改革。借用科特勒的說法，就是判斷是否「對社會文化造成變化」[28]。以營利為目的企業，必定將公司利益擺在第一位；社會行銷則是「以個人或社會利益為優先考量」[29]，自然就會造成「社會與文化層面的變化」。社會行銷的對象，具體來說跨越許多領域。例如，解決乳癌、攝護腺癌、菸害、孕婦酒精中毒、HIV、空氣污染、地球暖化、野生動物保護和貧窮問題等。

　　由科特勒對社會行銷的定義來看，企業進行的社會責任的行為中，傳統捐款活動應該屬於社會責任行銷的④ 公益活動；⑤ 地區志工是指企業積極鼓勵員工參與地區志工活動，有些公司設立志工假的制度就是實例；⑥ 實踐以社會責任為基礎的事業，相信各位應該可以從名稱掌握部分具體內容。這些活動都可以視為社會行銷發展後的型態。實踐以社會責任為基礎的事業指的是，企業發展的事業本身，就是遵循社會理念而生的產物。最終極的形態，就是企業在創業當時，便以社會理念作為最高指導原則。這種形態的企業就稱為社會企業（第 153 節），以此原則創業的人則稱為社會創業家。而社會企業目前正倍受關注。

圖解 **14-12** 現今的社會責任行銷

社會行銷

為了幫助罕見疾病的孩童，我們決定興建照護中心！

公益活動＆地區志工

文化活動

可以請假一週去當志工喔

實踐以社會責任為基礎的事業

我是一家以解決貧困問題為目的的企業

貧　困

承上所述，可以知道社會責任行銷種類形形色色，企業應深思熟慮，找出最適合的類型。

153

社會企業
Social Business Enterprise

社會企業[30] 指的是「企業將社會目的視為最重要的事業目的，並明確遵循目的制定決策」[31]，同時得以獲利。最有名的例子是孟加拉鄉村銀行，由 2006 年諾貝爾和平獎得主穆罕默德‧尤納斯[32]，以終結貧困的社會理念所創立。銀行總部位於孟加拉首都達卡，不僅協助貧苦人家經濟自主，也得以成功獲利。

孟加拉鄉村銀行的主要事業是開辦小額貸款，在無擔保的情況下借出小額融資給貧苦人家。尤納斯希望他們用這筆錢當做本錢，去發展自己的事業，最後用獲利償還融資，最終的理想是達到經濟自主。這家銀行貸款的方式有一點特殊，例如，個人融資必須經過地區團體同意。如此一來，借貸者對於身為團體一分子的意識會更加強烈，也不會感到孤軍奮戰。這種做法能提高還款的意願，而且個人遇上困難時，整個團體都會出手相助。孟加拉鄉村銀行正是利用這樣的形式，在獲得高收益的同時幫助貧困人家擺脫窮苦。可說是社會理念與企業利益兼顧的最佳範例。

杜拉克曾說：「所有組織都是一種社會性的機關」（第 003 節），換句話說，所有組織的存在目的，都是為了實現某項社會理念。因此，社會企業也可以說是因應這個精神而誕生的產物。即使是有歷史的企業，只要透過行銷 3.0 善盡社會責任，必定能夠重新體認「企業＝社會機關」的內涵。

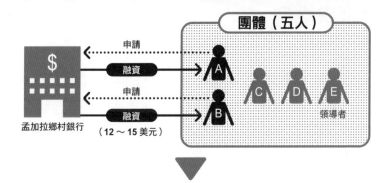

圖解 14-13　孟加拉鄉村銀行的融資方法

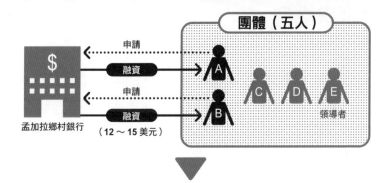

六週以內還款，另兩人可融資

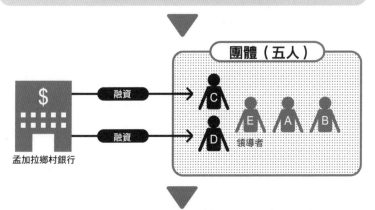

若團員們全都依約還款，最後才融資給領導者

 孟加拉鄉村銀行放款的目的，是希望讓貧困人家擺脫窮苦，因此也會給予充份的指導。

154

金字塔底層
Bottom of the Pyramid

經營學者普哈拉 [33] 將世上的財富分配情況，以所得構成的經濟金字塔圖形呈現。如圖解 14-14，金字塔分為第一到第五階層，第一階層是年收 20,000 美元以上的人，全世界約有 7,500 萬～1 億人；最底下第四、五階層則是年收 1,500 美元以下的人，據說人數已經達到 40 億人口 [34]，這群「每日生活費不到 2 美元的人口」普哈拉稱為金字塔底層 [35]。

普哈拉認為大企業若能將資金投入金字塔底層，不僅能解決貧困並提升生活品質，也能為企業帶來利益。他還斷言，金字塔底層正是下一個市場。根據普哈拉的主張，貧困階層的人們並非總是身無分文。他更強調，這群人因為缺少必要資訊，走頭無路時只好求助非法的高利貸，最後淪落到「因貧困而受難」的局面。因此，如果能提供適當的產品和服務給貧困階層，不僅能夠達成消弭貧困得社會理念，也會對企業帶來莫大的利益。

而順利打入金字塔底層市場的產品和服務，其後的發展更是耐人尋味，變得愈來愈成熟，最後發展為 CP 值極高的產品和服務，並且必定逆流而上，席捲經濟金字塔的頂端客群。如此一來，不思努力只會推出低附加價值的高價商品的企業，勢必遭到市場淘汰。就像是泡沫經濟崩壞後的日本市場，受到廉價中國產品大量湧入而飽受衝擊一般。

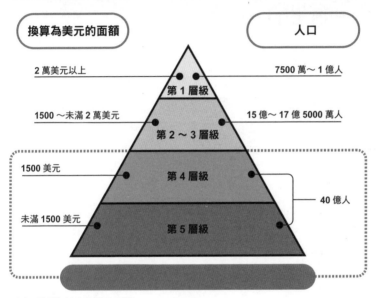

圖解 14-14　以 BOP 為對象的行銷策略

| 換算為美元的面額 | | 人口 |

2 萬美元以上　●　第 1 層級　　7500 萬～ 1 億人

1500 ～未滿 2 萬美元　●　第 2 ～ 3 層級　●　15 億～ 17 億 5000 萬人

1500 美元　●　第 4 層級　●

未滿 1500 美元　●　第 5 層級　●　　40 億人

出處：普哈拉《金字塔底層大商機》。

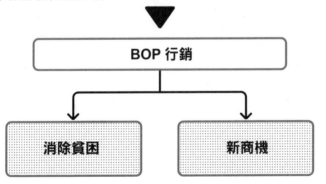

BOP 行銷

消除貧困　　　**新商機**

消除貧困是極具說服力的社會行銷最對象之一，其中蘊含的可能性非常龐大。

產生變化的三階段

Three Steps to Transformation

推動社會責任行銷時必須慎選社會理念，而且理念必須與企業現況緊密相連。因此，我們必須深入考察企業的存在理由。杜拉克曾說，企業存在的理由是滿足社會、地區和個人的需要。然而，沒有一家企業能滿足所有需要，所以每一家企業都應該聚焦於特定需要，並以滿足需要為目標，這就是所謂的企業使命。企業是為了使命而存在，使命就是企業的存在理由（第 004 節）。

接下來希望各位回想一下，行銷 3.0 當中的 3i 模型其中一項「品牌誠信」（第 141 節）。在推動行銷 3.0 之際，品牌誠信是能否達成目標的關鍵，過程中最大的原動力即是社會責任行銷，它的出發點則是與企業使命緊密連結的社會理念。透過正確推動社會責任行銷，企業便能取得眾人的信賴。遵循社會理念，促使企業與眾人共創事業，以解決文化問題為目標，進一步實現感動人心的行銷活動。透過這些行動，企業便能獲得軟實力（主題 147）並利用這些魅力吸引群眾，促使人們採取行動（例如購買）。如此一來，企業和贊同企業理念的人就會共同合作，讓社會往更好的方向前進。

科特勒設計了名為「利用行銷解決社會議題的三個階段」的模型以呈現上述流程。促使人們採取行動變革，提升社會利益的行銷，是當代的新潮流，而終極的差異化就蘊藏在其中。

圖解 14-15　3i 模型與變化產生的三個階段

利用行銷解決社會課題的三個階段

參考資料：菲利普・科特勒《行銷 3.0》。

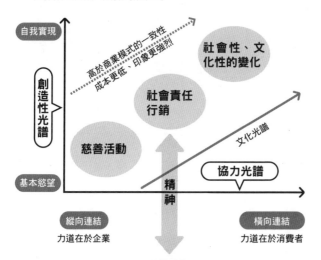

自我實現

創造性光譜

基本慾望

高於商業模式的一致性
成本更低、印象更強烈

社會性、文化性的變化

社會責任行銷

慈善活動

文化光譜

協力光譜

精神

縱向連結
力道在於企業

橫向連結
力道在於消費者

品牌誠信
Brand Integrity

3i

品牌認同
Brand Identity

品牌形象
Brand Image

 為達成行銷 3.0 的目標，社會責任行銷是不可或缺的條件。

故事行銷

　　Part 3 我們探討了「創造性社會的到來」，這一點在作家丹尼爾・品克（第 071 節）的著作《未來在等待的人才》也曾提及。

☞ 說故事的能力

　　品克表示，在創造性社會的時代，即使像新興國家一樣具備發展潛力，或是擁有電腦自動化技術，在競爭中的勝算也不高。因此他又提到，今後，想在創造性社會中生存，必須具備六項感性特質。其中，品克認為說故事的能力最重要。[36]

　　隨著網際網路普及，任何人都能很快觸及到事實。但實際上，網路上取得的事實，多半都只是片斷的資訊。另一方面，所謂的故事，就是以這類片斷的資訊，編織成一段邏輯連貫的文字，給予受眾「情感上的衝擊」。品克想表達的是，在創造性社會中，構思故事的能力是絕對必要的特質。

☞ 企業策略也需要故事

利用一則故事來達到行銷的目的，就稱為故事行銷。最容易想像的故事行銷，應該就是電視廣告，利如，軟銀（Softbank）的「爸爸狗」，或是三得利（Suntory）BOSS 咖啡的「宇宙人喬治」。這些例子都是透過故事說明產品，並深植到觀眾的記憶中，帶來容易回想起品牌的效果。

科特勒對故事行銷也頗為關注，並在著作《行銷3.0》當中提到，故事不僅可幫助企業與客戶溝通，甚至在擬定企業策略時，也占有很重要的地位。[37]

另外，Part 2 也提到企業在擬定策略時，愈來愈重視故事性。相信各位對一橋大學研究所教授楠木建提出的策略故事仍記憶猶新（第 095 節）。行銷不再只是單純講述事實，而是以故事的形態呈現給世人。這一點，是經營策略和市場行銷永遠的課題。

深入了解杜拉克、波特和科特勒

想要更加了解杜拉克的管理理論、波特的競爭策略理論和科特勒的行銷理論，最好的方法當然是閱讀原著。本篇主要介紹三位大師的著作，提出深入了解大師理論的書單，為各位讀者提供指引。

PART

4

📖 深入了解杜拉克

深入了解管理學理論

想要更了解杜拉克，最好的方法還是閱讀原著。但是，杜拉克的著作非常多，很多人可能不知道該如何入門。要快速掌握杜拉克的管理理論，我推薦《杜拉克：21 世紀的管理挑戰》。這本書簡潔扼要整理出，隨著環境變化以及因應 21 世紀到來，企業該如何推動管理。另外，杜拉克也針對提升高階管理人員生產力，提出各種論述，透過這本書就能了解杜拉克的理論精髓。

另外，想正式學習杜拉克的管理學理論的讀者，可以挑戰《杜拉克：管理的使命、實務與責任》。這本書一再提到組織是社會性的機關，這一點正是杜拉克管理學理論最基本的論點，只要讀過這本書，一定可以體會到最接近杜拉克本意的論述。

深入了解創新理論

杜拉克有一句名言：「創造客戶（to create a customer）」在《杜拉克：管理的使命、實務與責任》這本書中也有提到。杜拉克同時也表示，創造客戶的必要條件，只有行銷和創新。其實，杜拉克這本書裡並沒有仔細闡述行銷與創新。特別是行銷的

詳細說明，在杜拉克的著作當中都沒有留下相關內容。這恐怕是因為，當時的年代已經有眾多像是科特勒的行銷專家。

不過，杜拉克留下一部關於創新的名作《創新與創業精神：管理大師彼得‧杜拉克談創新實務與策略》，有系統地解說創新的實踐方法。本書第 039 ～ 049 節敘述了杜拉克創新理論的概要，參考資料就是《創新與創業精神》。因此，希望對創新有興趣的朋友，一定要找原著來閱讀。特別是想尋找創新的機會的讀者，七個根源是必讀的章節。

深入了解杜拉克本人

我們很難定義杜拉克的身分，因為他不只是一位經營學者。事實上，杜拉克將自己定義為社會生態學家。如同生物學者研究生物生態一般，杜拉克將熱情灌注於理解社會生態，對他而言，管理也是社會生態研究的一環。

杜拉克著眼於社會生態，執筆寫下的名著之一有《杜拉克談未來企業》。他從以前就對知識型勞動者和知識社會抱持著莫大的興趣，這本書就是藉由解說知識型勞動者和知識社會，告訴讀者邁入知識社會之後的生存之道。

如果對杜拉克本人有興趣，《旁觀者：管理大師杜拉克回憶錄》（*Adventures of A Bystander*）絕對是必讀的作品。還有一本書是杜拉克在日本經濟新聞「我的履歷表」專欄連載，集結成的《我的履歷表》，內容也十分有趣。

📖 深入了解波特

深入了解競爭策略理論

　　想要進一步了解波特的競爭策略理論，我強烈推薦《競爭論》。這兩書收錄波特過去發表的論文以及論文考察，其中還收錄「策略是什麼？」的論述，可以說是必讀之作。其實，本書也參考很多「策略是什麼？」章節，並且引用多項資訊。

　　更進一步來說，這本書的特徵，就是匯集波特過去講過的競爭策略理論相關重要概念。舉例來說，這本書開頭就收錄「競爭五力新論」，正是波特 1979 年針對五力分析初次發表的論文。

　　此外，「國家競爭優勢」這篇論文，就是 1992 年出版的大作《國家競爭優勢》的基礎。這本書分為上、下兩冊，加起來總共超過 1,000 頁，簡略概述的「國家競爭優勢」論文，能夠幫助我們在閱讀時，更快進入狀況。

想了解日本今後局勢變化……

　　如果想了解日本今後的局勢變化，請務必閱讀《波特看日本競爭力》。我曾稍微提過，這本書是前一橋大學研究所教授、現任哈佛大學經營研究所教授竹內弘高與波特的共同著作。這本書

以過去和未來的觀點，記載日本的競爭策略，過去的觀點解釋了日本競爭力的根源，而未來的觀點則對今後的日本下了一著指導棋。

日本競爭力的根源，多數人認為絕大部分必須仰賴政府的支持。然而，波特在《波特看日本競爭力》中，卻否定這項常識。政府介入會帶來重大影響的產業，到國際舞台上失敗的例子比成功的例子還要多很多，由這一點就可以證明波特的想法有其道理。這本書中更指出，國內競爭激烈的民間企業，在國際社會上獲得成功，對日本經濟發展帶來莫大的貢獻。

另一方面，這本書還指出，關於今後日本的發展，由於沒有全球化國際競爭優勢的產業，低投報率的警鐘已然響起。早在十多年前，波特就已經提出警告，我們也知道現在情況惡化得愈來愈明顯。這不禁讓我覺得，如果能誠心接受波特的忠告，導正偏差的路線，現今停滯的日本經濟，或許早已開發出新的局面。

把這部著作當作過去的預言書，對照現今局勢讀起來肯更加有趣。

最值得閱讀的聖經

讀完先前介紹的《競爭論》和《波特談日本競爭力》之後，如果對波特還是深感好奇，當然一定要挑戰《競爭策略》。想更進一步深入了解「三項基本策略」與「五力分析」的讀者，絕不能錯過這本書。

對一般人而言，《競爭策略》厚重又難以理解。不過，副書名「產業環境及競爭者分析」，說明了這本書並不是用抽象的理論講述競爭策略，而是解釋如何有利推動競爭策略，一看就會停不下來。

📖 深入了解科特勒

徹底了解科特勒

科特勒和杜拉克一樣留下了眾多著作，相信許多人都不知道該從哪本讀起。如果想學習最正統的科特勒行銷理論，那就一定要讀《行銷管理》。這本書說是科特勒行銷理論的決定版也不為過，因此頁數相當多，價格也偏高。

或許正因為如此，似乎很多人都在閱讀上遭遇挫折，不過想要認真學習科特勒的行銷理論，就絕對不能錯過這本書。這本書共分成八部二十三章，第一部是導言，能讓讀者更了解行銷管理，內容除了說明科特勒行銷理論的全貌，之後的篇章也都延續這一部來撰寫。最後一章提及全方位行銷和社會責任行銷等，都是目前的最新潮流。書中收錄的事例眾多，讓讀者能夠具體了解行銷的手法，強烈推薦各位一定要挑戰看看。

了解科特勒的最新行銷理論

想理解科特勒的最新行銷理論，最值得推薦的著作當然是《行銷 3.0》。我在第 14 章講述了科特勒的行銷理論歷史，現在的行銷理論已經從 1.0、2.0 的時代，升級到 3.0，不過，《行銷

343

3.0》裡也說這是必然的進展。

行銷 3.0 到底是什麼意思？其實主要是為了因應現代社會的三個特徵：參與的時代、全球化悖論時代和創意社會的時代。因此，協同行銷、文化行銷和心靈行銷是缺一不可的必要條件。《行銷 3.0》正是詳細敘述了這些概念，我在第 14 章解說過這本書的精華，如果能熟記這些內容再去閱讀《行銷 3.0》，保證可以更深入了解科特勒。

而且，本書無法全部介紹完「行銷 3.0 的十項原則」，這十項原則，在實際推動行銷 3.0 時，應該可以作為指標。

深入了解社會責任行銷

科特勒 1991 年的著作《非營利組織的策略性行銷》（*Strategic Marketing for Nonprofit Organizations*）如書名所示，記載地方自治團體和公共團體等非營利組織活用行銷的方法。

提到行銷，很容易讓人馬上想到營利企業使用的手法，但在距今 20 多年前，科特勒就提出非營利組織也應該活用行銷方法。順帶一提，杜拉克也說過，非營利組織也需要管理。

無論如何，如同非營利組織需要行銷一般，現今人們也嚴厲要求營利組織需負起社會責任。科特勒在著作《社會責任行銷》（*Corporate Social Responsibility*）中，就說明企業為了負起社會責任而推動的行銷策略。行銷 3.0 的精髓就是社會責任行銷，如果想深入學習這項知識，再沒有其他著作能出其右。

注釋

第 1 章｜組織、企業與使命

1.《杜拉克：21 世紀的管理挑戰》（*Management Challenges for the 21st Century*，天下文化出版），《杜拉克：管理的使命、實務與責任》（*Management: Tasks, Responsibilities, Practices*，天下雜誌出版）。

2.《杜拉克：管理的使命、實務與責任》。

3. 同上註。

4.《杜拉克：管理的使命、實務與責任》，《彼得・杜拉克的管理聖經》（*The Practice of Management*，遠流出版）。

5. 出自 NHK「工作哲學」（仕事学のすすめ）節目製作團隊編撰的《柳井正 我對杜拉克經營理論的理解》（柳井正 わがドラッカー流経営論，日本放送出版協會出版）。讀過這本書後，應該可以了解，將杜拉克的思想活用於經營，能夠帶來什麼成果。

第 2 章｜思考「公司事業」的理想藍圖

1.《視野：杜拉克談經理人的未來挑戰》（*Managing in a Time of Great Change*，天下文化出版）。

2.《競爭大未來：掌控產業、創造未來的突破策略》（*Competing for the Future*，智庫出版）。

3. 同注 1。

4.《生存力：彼得，杜拉克帶領五位大師與你探索 UP 的 5 個力量》（*The Five Most Important Questions You Will Ever Ask About Your Organization*，臉譜出版）。

5. 此法則是弗瑞德里克・蘭徹斯特（Frederick Lanchester）發現，隨後田岡信夫等人根據這項法則，建立了經營策略及行銷理論。基本理念是依據強者與弱者，設計彼此的經營策略。

6. 2004 年秋天，由金偉燦與莫伯尼發表於《哈佛商業評論》（*Harvard Business Review*），隔年秋天成書公開細節，一出版就造成轟動。

7. 詳述於杜拉克著作《杜拉克：管理的使命、實務與責任》，本節內容皆參考該書撰寫。

8.《我的履歷表》（暫譯，*My Personal History*）。

9. 參見《成效管理》（暫譯，*Managing for Results*）。

10. 杜拉克在新、舊著作中，例如《彼得・杜拉克的管理聖經》、《杜拉克談高效能的 5 個習慣》（*The Effective Executive*，遠流出版）和《杜拉克：21 世紀的管理挑戰》等，都曾提及回饋分析法，重要性可見一斑。此外，此方法的具體分析面向，將於第 032 節探討。

11. 這套結構稱為「管理系統」（Management System），一般管理系統都可套用 PDCA 循環。

第 3 章｜打造「能創造成果的組織」

1. 出自杜拉克的最佳傑作之一《杜拉克談未來企業》（*Post-Capitalist Society*，時報出版），詳實記載了社會變化的過程。

2.《真實預言！不連續的時代》（*The Age of Discontinuity: Guidelines to Our Changing Society*，寶鼎出版）。

3.《杜拉克談未來企業》一書中，將這種類型的工作者稱為「knowledge executive」（知識型執行者），也就是「負責為組織帶來成果的人」。

4.《杜拉克談未來企業》。

5.《杜拉克談未來企業》與《視野：杜拉克談經理人的未來挑戰》。

6. 同注 4。

7. 同注 4。

第 4 章｜知識型勞動者的自我管理

1. 《杜拉克談高效能的 5 個習慣》一書中，解說了高階主管如何創造優異的成果。此書是自我啟發的經典著作，絕非只適合經營者閱讀。

2. 《彼得・杜拉克的管理聖經》和《杜拉克：管理的使命、實務與責任》皆提到這個故事，本章節內容為參考這兩本書撰寫。

3. 「MBO」的完整名稱是「Management by Objectives and Self-control」，也就是「管理目標與自我管理」的意思。

4. 這些分析與目標設定項目，皆出自杜拉克與中內功合著《杜拉克看亞洲》（*Drucker on Asia - A Dialogue between Peter Drucker and Isao Nakauchi*，天下文化出版）。

5. 《杜拉克：21 世紀的管理挑戰》。

6. 杜拉克在著作《杜拉克談高效能的 5 個習慣》提到：「高績效經營者都了解，為了讓部屬發揮長處，必須忍耐他們的弱點。」還提出數起歷史事例作為左證。

7. 《杜拉克談高效能的 5 個習慣》。

8. 同注 7，以下皆參考杜拉克的建言。

9. 同注 7。

10. 同注 7。

11. 《杜拉克：21 世紀的管理挑戰》第 3 章〈變革的領導者〉。

第 5 章｜別放過創新的機會

1. 出自熊彼得的著作《經濟發展理論》（*The Theory of Economic Development: An Inquiry into Profits, Capital, Credit, Interest, and the Business Cycle*，商周出版）。

2. 熊彼特《資本主義、社會主義與民主》（暫譯，*Captalism, Socialism and Democracy*）

3. 這套方法的集大成著作即是《創新與創業精神：管理大師彼得・杜拉克談創新實務與策略》（*Innovation and Entrepreneurship*，臉譜出版），本章內容大多取自此書。

4. 《創新與創業精神：管理大師彼得・杜拉克談創新實務與策略》Part 3。

5. 《創新與創業精神：管理大師彼得・杜拉克談創新實務與策略》。

第 6 章｜競爭策略的基本

1. 麥可・波特是美國經營學家，30 多歲就成為哈佛大學經營研究所正式教授，是競爭策略理論的泰斗，著有《競爭策略：產業環境及競爭者分析》（*Competitive Strategy: Techniques for Analyzing Industries and Competitors*，天下文化出版）。

2. 亨利・明茲伯格（Henry Mintzberg）是加拿大麥基爾大學研究所教授，也是個出名的毒舌經營管理論家，他與布魯斯・亞斯蘭德（Bruce Ahlstrand）和約瑟夫・藍佩爾（Joseph Lampel）合著了《策略巡禮》（*Strategy Safari: A Guided Tour Through the Wilds of Strategic Management*，商周出版）。

3. 取自法國經濟學家約瑟夫・伯特蘭（Joseph Bertrand，1822 ～ 1900）。

4. 下列內容參考菲利普・柯特勒（Philip Kotler）與凱文・連恩・凱勒（Kevin Lane Keller）合著的《行銷管理學》（*Marketing Management*）。本書作者中野明參考的是第 12 版內容，目前最新的是第 15 版。

5. 《競爭優勢》（*Competitive Advantage: Creating and Sustaining Superior Performance*，天下文化出版）。

6. 《競爭策略》出版前（1979 年），波特曾於《哈佛商業評論》，發表文章〈競爭作用力如何形塑策略〉（How Competitive Forces Shape Strategy）。

7. 《競爭論》（*On Competition*，天下文化出版）。

8. 同注 7。

9. 此框架出自《競爭策略》。

10. 此框架出自《競爭優勢》。

11. 主要提倡者是哈佛商學院的肯尼斯‧安德魯斯（Kenneth Andrews）和羅蘭‧克里斯汀森（Roland Christensen）。另外，伊格爾‧安索夫（H. Igor Ansoff）雖非哈佛出身，但他提出的策略經營理論，也被歸類為這一派。

第 7 章 ｜ 將五力分析運用自如

1. 簡稱「5F」，在日本也稱為「競爭的五項重要因素」。

2. 華特‧凱契爾三世（Walter Kiechel III）《策略之王》（暫譯，*The Lords of Strategy: The Secret Intellectual History of the New Corporate World*）。韓德森是波士頓顧問集團創辦人之一，這間公司的前身是 1963 年發跡的波士頓平安儲蓄信託公司（Boston Safe Deposit and Trust Company）經營顧問事業部。

3. 《競爭策略》。

4. 原文為 Product Lifecycle，簡稱 PLC，是表達產品從成長到衰退的模型。

5. 企業活動產生的收入和支出相減為零的平衡點。總支出包括固定成本和變動變動，收入超過總支出金額，表示獲利，反之則為虧損。

6. 例如《競爭策略》一書中，第 3～5 章都提及相關內容。

7. 像這樣只要支付使用費，就能在一段時間內任意使用的服務，正在增加當中。這種商業模式稱為訂閱服務。

8. 指經營連鎖加盟體系的業主，加入該體系的稱為加盟主。加盟主必須向加盟總部（供應商）購買商品販售。

9. 從購買與籌措原料或零件開始，經過生產、流通、販售、服務，直到產品送達客戶手中，參予其中的眾多企業即稱為供應鏈。

10. 同注 3。

11. 蘋果公司可說是利用這一點，成功為自家筆電打造了獨特的定位。

12. Mobile Virtual Network Operator（虛擬行動網路電信公司）的簡稱，意指租用其他業者的設備，提供電信服務的電信商。

13. Mobile Number Portability（行動電話門號可攜服務）的簡稱。

14. 於柯林頓（Bill Clinton）執政時期擔任副總統，也曾角逐總統大選，但最終敗給小布希（George W. Bush）。

15. 出自品克的著作《未來在等待的人才》（*A Whole New Mind: Moving from the Information Age to the Conceptual Age*，大塊出版）。

16. 同第 6 章注 7。

17. SIM（Subscriber Identity Module），通稱 SIM 卡，是用於識別行動電話使用者的 IC 晶片。所謂的鎖 SIM 卡，是指限制 SIM 卡部份功能的電信機制。

第 8 章 ｜ 活用價值鏈分析

1. 《競爭優勢》。

2. 本節說明出自《競爭優勢》。

3. 指的是比起競爭企業更具有成本優勢。

4. 這個現象稱為成本習性（Cost Behavior），波特經常提起這項概念。

5. 與規模經濟相對的概念是範疇經濟，指的是同一項資本財活用於其他領域，可帶來更大的經濟效益。

6. 《競爭優勢》。

7. Build to Order 的簡稱，也叫做「訂單式生產」。

8. 直銷模式也可說是重建供應鏈（Supply Chain，詳見第 129 節）。順帶一提，波特稱供應鏈為價值系統。

9. 指的是產生差異化的機制，差異化習性是本書創造的名詞，波特並未提出類似概念。

10. 《競爭優勢》。

11. 杜拉克《我的履歷表》（暫譯，*My Personal History*）。

12. 本節內容參考自青島矢一與加藤俊彥合著的《競爭策略論》。

13. 第 080 節提到戴爾電腦的直銷模式，就屬於這項因素，所以其他公司難以模仿。

14. 本節內容參考《競爭優勢》。

15. 顧客的利益減去顧客的成本，得到的數值就是「顧客價值」。

第 9 章｜了解競爭策略的本質

1. 標竿學習（benchmarking）指觀察最佳實踐（見下注）並加以分析。

2. 最佳實踐（best practice）指自家公司與競爭企業的行動範本。

3. 正如金偉燦和莫伯尼在《藍海策略》提到，這種血流成河的競爭就是名符其實的紅海（詳見第 089 節）。

4. 《競爭論》。

5. 霍特林模型（Hotelling Model）由美國數理統計學者哈羅德・霍特林（Harold Hotelling，1895 ～ 1973）於 1929 年發表。

6. 這種情況也可以用第 085 節提到的「競爭收斂」說明。

7. 沒有競爭對手的市場就稱為藍海，由此衍伸出「藍海策略」一詞。

8. 紅海也可以說是競爭收斂（第 085 節）後的狀態。

9. 不過，也有人反駁藍海策略的主張，他們認為實行四項行動後，增加或創造新的重要因素愈多會造成成本愈高。

10. 伯格・沃納菲爾特（Birger Wernerfelt）與傑・巴尼（Jay Barney）是代表性的理論家。

11. 資源基礎觀點的理論中，很常用「能力」（capability）這個詞。

12. 傑・巴尼（Jay B. Barney）與威廉・赫斯特利（William S. Hesterly）合著《策略管理與競爭優勢》（*Strategic Management and Competitive Advantage*，華泰文化出版）。

13. 《競爭論》。

14. 關於這一點，波特在《競爭論》中表示：「提高營運效率取決於個別活動或功能是否完善，而策略的目的則是緊密連結活動。」

15. 《競爭論》。

16. 《競爭論》。

17. 楠木建《策略就像一本故事書》（中國生產力中心出版）。

18. 但是，楠木教授認為策略故事和適配是不同的概念，詳見《策略就像一本故事書》。

19. 本節內容參考自收錄於《哈佛商業評論》的文章〈策略本質不會改變〉。

20. Return on Investment 的簡稱，指的是「投資報酬率」，也就是獲利占總投資金額的比例。

第 10 章｜日本企業的競爭策略

1. 詹姆斯・阿貝格蘭（James Christian Abegglen）《日本式經營》，姊妹作《新・日本前景》（高寶出版）。

2. 精實（lean）這個詞原意是「毫無贅肉」。

3. Toyota Production System 的簡稱，意思是「豐田汽車公司生產方式」，包含即時生產（just in time），以及實現該目標的看板管理系統（Kanban）。

4. 波特認為 1986 年正是泡沫經濟的頂峰，詳見《波特看日本競爭力》。

5. 《波特看日本競爭力》。

6. 《競爭論》。

7. 有一點必須注意，這是波特競爭策略理論的觀點。若以其他策略理論為基礎，NEC 個人電腦事業當時應該算是遵循了策略理論。

8. 收購與合併是完全不同的商業行為，這一點應該大家都知道。因為聯想難以收購，所以才能選擇合併的形式。不管怎麼說，M&A 的本質都不會改變。而且，2016 年 7 月，NEC 為了強化社會基礎建設事業，宣布

減少合併公司的出資比例。

9. 《經濟發展理論》。

10. 熊彼德《何謂企業家》。

11. 《波特看日本競爭力》。

12. 也叫做決定國家競爭優勢的重要因素，或四項決定性重要因素。

13. 《國家競爭優勢》（*The Competitive Advantage of Nations*，天下文下出版）。

14. 《波特看日本競爭力》。

15. 《國家競爭優勢》。

16. 《競爭論》第六章「國家競爭優勢」。

17. 《競爭論》。

18. 《波特看日本競爭力》第六章「改造日本企業」。

第 11 章｜行銷策略的演變

1. 菲利普‧科特勒（Philip Kotler，1931 ～）。西北大學（Northwestern University）凱洛格管理學院（Kellogg School of Management）教授。素有「現代管理學之父」之稱。

2. 菲利普‧科特勒、凱文‧連恩‧凱勒《行銷管理》（*Marketing Management*），本書參考自第 12 版，繁體中文版第 15 版由華泰文化出版。

3. 菲利普‧科特勒《這就是行銷》（*Philip Kotler's FAQs on Marketing*，寶鼎出版）。

4. 《杜拉克：管理的使命、實務與責任》。

5. 菲利普‧科特勒、湯瑪斯‧海斯（Thomas Hayes）、保羅‧布路姆（Paul N. Bloom）《專業服務行銷：分析與應用》（*Marketing Professional Services: Forward-Thinking Strategies for Boosting Your Business, Your Image, and Your Profits*，深思文化有限公司出版）。

6. 《專業服務行銷》。

7. 《行銷管理》。

8. 菲利普‧科特勒《科特勒談行銷》（*Kotler of Marketing*，遠流出版）。

9. 埃弗雷特‧羅吉斯（Everett M. Rogers）。詳見埃弗雷特‧羅吉斯《創新的擴散》（*Diffusion of Innovations*，遠流出版）。

10. 標準差是由變異數開平方算出，一般以 σ（sigma）為單位。

11. 關於鴻溝，可參閱傑佛瑞‧摩爾《跨越鴻溝》（*Crossing the Chasm*，臉譜出版）。

12. 《行銷管理》書中也有提到 SWOT 分析。

13. 《行銷管理》。

14. 《專業服務行銷》。

15. 傑克‧屈特、史帝夫‧李芙金（Steve Rivkin）《新差異化行銷》（*Differentiate or Die*，臉譜出版）。

16. 菲利普‧科特勒、南希‧凱倫姆（Nancy R. Lee）《脫離貧困》（暫譯，*Up and Out of Poverty*）。

17. 麥可‧崔西、傅瑞德‧威瑟瑪《市場領導學》（The Discipline of Market Leaders，牛頓出版）。

18. 史蒂夫‧賈伯斯（Steve Jobs，1955 ～ 2011）。蘋果公司共同創辦人，亦曾任皮克斯動畫工作室（Pixar Animation Studios）董事長。

19. 華特‧艾薩克森（Walter Isaacson）《賈伯斯傳》（*Steve Jobs*，天下文化出版）。

20. 行銷戰術的組合，一般是指產品、價格、通路和推廣的組合。

21. 詳見菲利普‧科特勒、費南多‧德里亞斯迪貝斯（Fernando Trias de Bes）《水平行銷》（*Lateral Marketing*，商周出版出版）。

22. 愛德華‧狄波諾（Edward de Bono，1933 年～），出生於馬耳他共和國，創意思考領域的重要權威。

第 12 章｜行銷組合的演變

1. 傑洛姆・麥卡錫（Edmund Jerome McCarthy，1928～），美國行銷學者。

2. 《專業服務行銷》。

3. 菲利普・科特勒、格里・阿姆斯壯（Gary Armstrong）《行銷管理》（*Principles of Marketing*，高立圖書出版）。

4. 《行銷管理》（*Marketing Management*）。

5. 厄爾・薩瑟（W. Earl Sasser）與詹姆斯・海斯科特（James L. Heskett）等人《客戶服務競爭優勢策略》（*Putting Customer Interests First*）。

6. 也就是第 113 節提到的忠誠度區隔。

7. 《行銷管理》（*Principles of Marketing*）。

8. 《行銷管理》（*Marketing Management*）。

9. 同上注。

10. 菲利普・科特勒、約翰・包恩、詹姆斯・馬肯斯《待客與觀光行銷》（暫譯，*Marketing for Hospitality and Tourism*）。

11. 《客戶服務競爭優勢策略》。

12. 《行銷管理》（Marketing Management）。

13. 同上注。

14. 大衛・艾克（David Allen Aaker，1938～），加州大學伯克萊分校哈斯商學院名譽教授。

15. 大衛・艾克《管理品牌權益》（暫譯，*Managing Brand Equity*）。

16. 《行銷管理》（*Marketing Management*）。

17. 《行銷管理》（*Principles of Marketing*）。

18. 《行銷管理》（*Marketing Management*）。

第 13 章｜行銷溝通

1. 唐・舒茲（Don Edward Schultz，1934～），美國行銷學者。

2. 《行銷管理學》（Marketing Management）。

3. 這四大傳媒的業績逐步減少，正是目前廣告業的趨勢（第 140 節）。

4. 萊爾・史班瑟（Lyle M. Spencer）與西格尼・史班瑟（Signe M. Spencer）合著《才能評鑑法》（*Competence at Work*，商周出版出版）。

5. 奈德・赫曼《全腦革命》（*The Whole Brain Business Book*，美商麥格羅・希爾出版）。

6. Point of Purchase，俗稱 POP。

7. 楊・卡爾森《關鍵時刻》（*Moment of Truth*）。

8. 《待客與觀光行銷》。

9. 彼得・杜拉克《下一個社會》（*Managing in the Next Society*，商周出版出版）。

10. 《水平行銷》。

11. 市場區隔的基準細分至每個單獨的顧客，企業必須與顧客建立一對一的關係，因此也稱為一對一行銷（one-to-one marketing）。

12. http://www.dentsu.co.jp/knowledge/ad_cost/2015/media3.html。

13. 電通公佈的「日本的廣告費」資訊，自二〇一四年起，將無線電視與衛星媒體整合進電視媒體，納入四大傳媒之一。

第 14 章｜行銷 3.0 與社會責任行銷的時代

1. 菲利普・科特勒、陳就學、伊萬・塞堤亞宛《行銷 3.0》（*Marketing 3.0*，天下雜誌出版）。

2. 請參考 http://www.oreillynet.com/pub/a/web2/archive/what-is-web-20.html。

3. 這類型使用者參與型的媒體，亦稱為用戶原創媒體（User-generated media，UGM）。

4. 普哈拉（C. K. Prahalad）與克利斯南（M. S. Krishnan）合著《普哈拉的創新法則》（*The New Age of Innovation*，麥格羅・希爾出版）。正式名稱為「共創顧客經驗」。

5. 《行銷 3.0》。

6. 平坦化這個概念，是由美國新聞記者湯馬斯・佛里曼（Thomas Loren Friedman）的著作《世界是平的》（*The World is Flat*，雅言文化）發行後開始廣為人知。

7. 全球化產生的部落主義，是彼得・杜拉克在一九九三年發表的著作《後資本主義社會》中提及。其後，科特勒也在著作《行銷 3.0》指出這個現象，而班傑明・巴布爾（Benjamin R. Barber）和湯馬斯・佛里曼也抱持相同主張。

8. Cause，意指積極預防發生問題或支持善良風俗的大義、目的、主義及主張。

9. 《行銷 3.0》。

10. 理查・佛羅理達（Richard L. Florida，1957 ～）。美國社會學者，以研究創造力團體著稱。

11. 理查・佛羅里達《創意新貴》（*The Rise of the Creative* Class，寶鼎出版）。

12. 理查・佛羅里達《創意新貴 II》（*Cities and the Creative Class,and The Flight of the Creative Class*，寶鼎出版）。

13. 亞伯拉罕・馬斯洛（*Abraham Harold Maslow*，1908 ～ 1970）。美國心理學者，人類心理學的創始者。

14. 《行銷 3.0》。

15. 約瑟夫・奈爾（Joseph Samuel Nye, Jr.，1937 ～），美國國際政治學者。

16. 約瑟夫・奈爾《軟實力》（暫譯，*Soft Power*）。

17. 《行銷 3.0》。

18. 《行銷 3.0》。

19. 《行銷管理》（*Marketing Management*）。

20. 科特勒在《行銷 3.0》當中，將社會責任行銷稱為理念行銷，也就是說社會責任行銷與理念行銷可視為兩個同義詞。

21. 《社會責任行銷》（*Corporate Social Responsibility*）。

22. 《社會責任行銷》，下列內容同樣參考自本書。

23. 原文 Ethical 意為具備倫理、道德的事物。

24. 《行銷 3.0》。

25. 《行銷管理學》。

26. 募集贊同理念的企業，讓他們在自家產品打上 (PRODUCT)^RED™，即可收取授權費。

27. 《社會責任行銷》。

28. 《行銷 3.0》。

29. 《脫離貧困》。

30. Social Business Enterprise 的簡稱。

31. 《行銷 3.0》。

32. 穆罕默德・尤納斯（Muhammad Yunus，1940 ～），孟加拉國經濟學者，孟加拉鄉村銀行創辦人。

33. 普哈拉（Coimbatore Krishnarao Prahalad，1941 ～ 2010），美國經營學者。

34. 詳情請見普哈拉《金字塔底層大商機》（*The Fortune at the Bottom of the Pyramid*，培生出版）。

35. 有時也稱為 Base of the pyramid。

36. 丹尼爾・品克《未來在等待的人才》（*A Whole New Mind Moving from the Information Age to the Conceptual Age*，大塊文化出版）。

37. 《行銷 3.0》。

Money 07

【完全圖解】三大管理學大師一本搞定

杜拉克、波特、科特勒入門

作者　中野明

譯者　李建銓

責任編輯　梁育慈

特約編輯　李溫民

裝幀設計　萬勝安

內頁排版　江慧雯

總編輯　張維君

行銷主任　康耿銘

社長　郭重興

發行人暨出版總監　曾大福

出版　光現出版／遠足文化事業股份有限公司

網址　http://bookrep.com.tw

電子信箱　service@bookrep.com.tw

發行　遠足文化事業股份有限公司

地址　231 新北市新店區民權路 108-2 號 9 樓

電話　(02) 2218-1417

傳真　(02) 2218-8057

客服專線　0800-221-029

法律顧問　華洋國際專利商標事務所／蘇文生律師

印刷　中原造像股份有限公司

初版　2019 年 10 月 9 日

定價　399 元

ISBN　978-986-96974-6-0

Printed in Taiwan

版權所有　翻印必究

如有缺頁破損請寄回